HISTOIRE

GÉNÉRALE ET PARTICULIERE

DU

DÉVELOPPEMENT

DES CORPS ORGANISÉS.

Paris. — Imprimerie de J.-B. GROS, rue du Foin-Saint-Jacques, 18.

HISTOIRE
GÉNÉRALE ET PARTICULIÈRE
DU
DÉVELOPPEMENT
DES CORPS ORGANISÉS,

PUBLIÉE SOUS LES AUSPICES DE M. VILLEMAIN,
Ministre de l'Instruction publique,

PAR

M. COSTE,
PROFESSEUR AU COLLÉGE DE FRANCE.

TOME PREMIER.

PARIS.
VICTOR MASSON,
LIBRAIRE DES SOCIÉTÉS SAVANTES PRÈS LE MINISTÈRE DE L'INSTRUCTION PUBLIQUE,
1, PLACE DE L'ÉCOLE-DE-MÉDECINE.
MÊME MAISON, CHEZ L. MICHELSEN, A LEIPZIG.

1847

A

MONSIEUR GUIZOT,

MINISTRE SECRÉTAIRE D'ÉTAT AU DÉPARTEMENT DES AFFAIRES ÉTRANGÈRES, PRÉSIDENT DU CONSEIL.

MONSIEUR LE MINISTRE,

J'ai obtenu le plus grand honneur que l'on puisse accorder au travail, celui d'inaugurer un enseignement nouveau dans l'un de nos établissements scientifiques les plus illustres, et d'y occuper, le premier, la chaire fondée pour le perpétuer.

Je ne puis oublier que cet insigne honneur je le dois surtout à votre bienveillance, j'oserai presque dire à votre précieuse amitié : permettez-moi d'en consacrer ici le souvenir.

COSTE.

PRÉFACE.

La publication d'une histoire du développement des corps organisés est une entreprise à l'accomplissement de laquelle les forces d'un seul homme semblent ne pouvoir pas suffire ; mais les travaux des physiologistes modernes, dont je signalerai successivement les découvertes, ont si largement ouvert la voie, qu'il est possible aujourd'hui de concilier tous les faits connus et de les coordonner en une théorie générale. J'ai consacré quinze années de ma vie à méditer ce difficile sujet; j'en ai scruté tous les détails, et il n'y a pas un seul problème, efficacement abordable dans l'état actuel de nos connaissances, que je n'aie soumis à l'épreuve d'une observation attentive. Il ne sera donc question ici que de ce que j'aurai vu, et chacun pourra vérifier, dans la riche collection que j'ai déposée au Collége de France, la plupart des faits que je consigne dans ce travail.

Cet ouvrage renferme des observations et des idées qui, en 1836 et 1837, ont déjà été l'objet de l'enseignement que M. de Blainville m'a fait l'honneur de me confier dans la chaire d'Anatomie comparée du Jardin du Roi, et que j'ai continué, depuis 1841 jusqu'en 1847, au Collége de France. Ces idées et ces observations, recueillies par un auditoire nombreux, ont, par conséquent, reçu en France une publicité qui me permet d'en revendiquer la priorité. Je suis d'autant plus fondé dans cette prétention, que plusieurs de mes auditeurs, en reproduisant quelques-unes de ces idées ou de ces observations dans leurs écrits, ont déclaré qu'ils les avaient empruntées à mes leçons. Il en est même qui ont publié des dessins que je leur avais communiqués.

Parmi eux, je me bornerai à citer M. Cazeaux, dont le *Traité d'accouchements* renferme les figures théoriques que j'ai coutume de mettre sous les yeux de mes auditeurs;

M. Michels (*Evolution of the ovum in Mammalia*), qui, indépendamment de ces figures théoriques, a reproduit, dans quatre planches, des sujets tirés de mon atlas ou de mes cartons;

M. Courty, dont la remarquable dissertation, publiée en 1845, résume, avec une complète intelligence du sujet, mes opinions sur le développement de l'œuf humain (1).

C'est donc un droit que personne ne saurait me contester.

Les planches qui accompagnent cet ouvrage sont si nombreuses qu'il m'a fallu plusieurs années pour les faire exécuter. Elles ont été successivement livrées à M. le Ministre

(1) J'ai communiqué aussi des figures à M. Lenoir, pour son *Atlas complémentaire de tous les Traités d'accouchements*, et à M. Longet, pour son *Traité de physiologie*.

de l'instruction publique, qui, depuis six ans, les fait distribuer, à mesure qu'elles paraissent, aux bibliothèques du royaume.

M. Gerbe, mon élève, mon collaborateur et mon ami, a bien voulu se charger d'exécuter tous les dessins. Le précieux concours de cet observateur habile m'a permis de vaincre des obstacles dont, sans lui, il m'eût été difficile de triompher. Je suis heureux que l'occasion me soit offerte de lui attribuer la part qu'il a prise à la recherche des matériaux, et à l'étude des faits qui forment la base de ce travail.

DISCOURS PRÉLIMINAIRE.

Il y a longtemps que, pour la première fois, j'ai soutenu que l'Embryogénie comparée, quand elle serait élevée à la dignité de science, constituerait, de concert avec la Géogénie, l'œuvre caractéristique de notre temps, et que, loin de ne former qu'un chapitre plus ou moins restreint de la science de l'organisation, elle aurait, au contraire, l'organisation tout entière pour domaine.

Il y a longtemps que j'ai démontré comment l'étude des lois qui président au développement des êtres vivants conduit à la connaissance des rapports les plus cachés qui les enchaînent les uns aux autres, et devient, par la supériorité de la méthode qu'elle emploie, la régulatrice des principes qui, en histoire naturelle, doivent servir de base aux déterminations.

Il y a longtemps que j'ai dit enfin que l'Embryogénie n'a pas seulement pour mission de faire comprendre la véritable signification des formes définitives de l'état adulte, en les expliquant par les formes transitoires de la vie fœtale; mais qu'elle recherche aussi la direction de la force qui réalise ces formes; qu'elle considère l'ensemble des corps organisés comme une série logiquement progressive qui a l'homme pour terme, et qu'en assignant un but à la création, elle prépare le terrain sur lequel la science et la philosophie viennent se confondre dans l'étroite union d'une indissoluble alliance.

Ces opinions, exprimées avec une conviction puisée dans une étude prolongée et réfléchie, furent assez généralement accueillies en France avec un sentiment de doute. Les hommes les plus bienveillants, eux-mêmes, les considérèrent comme l'exagération d'une idée vraie dans certaines limites, mais l'Embryogénie continua à leur paraître vouée, par sa propre nature, à l'humble condition d'une spécialité restreinte, destinée à rester absorbée dans l'enseignement de l'anatomie et de la physiologie comparées.

C'est là un préjugé que j'ai rencontré partout et que j'ai eu partout à combattre. Il est même des hommes éminents qui ont publiquement enseigné que l'on ne pouvait attendre que de médiocres résultats d'une insuffisante spécialité, capable, sans doute, de fournir quelques faits utiles, mais dont, à tout prendre, la science de l'organisation pouvait se passer et qui étaient bien plus propres à piquer la curiosité qu'à devenir les éléments fondamentaux de l'histoire naturelle des corps vivants.

Cependant, comme une idée vraie n'est point une chose inerte, et que, par cela seul qu'elle est vraie, elle tend incessamment à prendre tout le développement dont elle est susceptible, il est arrivé que la vérité s'est produite aux yeux de tous ceux qui ont voulu se donner la peine de la reconnaître. J'en trouve la preuve dans ce qui se passe autour de nous; ne voyons-nous pas, en effet, les hommes qui occupent les chaires les plus importantes, se détourner les uns après les autres du programme officiel de leur enseignement, pour traiter exclusivement de la science nouvelle dont j'avais si haut estimé l'importance?

Or, dans un pays où l'enseignement supérieur est si heureusement coordonné, que, par la seule et stricte exécution du programme écrit, cet enseignement se trouve l'expression vivante et complète de l'état actuel des connaissances acquises, on ne peut évidemment se résoudre à une déviation, même passagère de ce programme, que quand on a la conviction de satisfaire à un grand intérêt scientifique. C'est donc pour satisfaire à cet intérêt scientifique nouveau que l'on a pris une semblable détermination, et toutes les personnes qui réfléchissent ont trouvé, dans cette manifestation, un motif sérieux de plus pour combler une lacune qui leur était par là si clairement signalée.

Pour ma part, j'ai vu avec une grande satisfaction les maîtres les plus éminents de la science venir se placer enfin sur le terrain où je m'étais depuis si longtemps établi, et j'accepte le témoignage de leurs actes comme une preuve nouvelle, décisive, éclatante de l'importance du sujet et de la nécessité de lui accorder une place dans l'enseignement.

Mais quels sont les moyens à l'aide desquels l'histoire du développement des corps organisés réalisera les espérances qu'elle fait concevoir ? A quel titre et en vertu de quel privilége parviendra-t-elle à remplir la haute mission à laquelle nous supposons que son importance la destine ? C'est ce qui va faire l'objet des considérations générales dans lesquelles nous allons entrer. Ces considérations nous montreront cette nouvelle science élevant ses procédés d'investigation jusqu'à la hauteur d'une méthode, et d'une méthode supérieure à celle que l'anatomie comparée met en usage. Cette démonstration ressortira bien plus nettement encore de l'ensemble des recherches que cet ouvrage renferme.

L'étude de l'organisation peut être abordée par deux procédés bien distincts, mais qui tendent tous deux au même but, se contrôlent l'un par l'autre, se fortifient, se complètent, et font sortir la démonstration de leur pratique simultanée.

Dans le premier cas, l'on a recours aux lumières de l'analyse, et, prenant les corps organisés tels que l'état adulte les offre à notre observation, le scapel divise les parties dont ils se composent, afin que le naturaliste puisse, à la suite d'une comparaison convenablement instituée, juger des analogies et des différences. C'est là ce qui constitue l'anatomie comparée proprement dite et marque les limites de son domaine.

Dans le second cas, l'on procède par voie de synthèse, et, en suivant une route inverse à celle qu'ouvre l'anatomie comparée, on observe toutes les modifications que les êtres vivants éprouvent pendant la vie Embryonnaire; on constate les transformations ou les métamorphoses de chacun de leurs organes; on tient compte de l'affaiblissement, de la disparition de ceux que le progrès du développement finit par dégrader ou anéantir : tel est le but que se propose l'Embryogénie.

Or, s'il y a des parties de l'organisme qui se dégradent ou s'anéantissent pendant la vie Embryonnaire de certaines espèces; si, au contraire, ces mêmes parties peuvent persister dans d'autres ou même y prendre un développement exagéré, il doit en résulter des différences si grandes que l'anatomie comparée, livrée à ses propres ressources, sera exposée à ne voir que désordre et contradiction là où tout est logique et harmonie.

Comment, en effet, l'anatomie comparée aurait-elle jamais

pu soupçonner que les veines azigoz, par exemple, si dégradées chez les vertébrés supérieurs adultes, ont été cependant, à une certaine époque de la vie, les véritables satellites des aortes avec lesquelles elles se sont directement continuées, jusqu'au moment où les veines caves sont venues les subalterniser à la faveur d'une substitution dont nous ferons connaître le curieux mécanisme ?

Comment l'Anatomie comparée aurait-elle jamais deviné que le système veineux tout entier, dépouillé de toute symétrie chez l'adulte, a pourtant présenté pendant une certaine période, tous les caractères d'une régularité géométrique ?

Comment l'Anatomie comparée aurait-elle jamais appris que l'aorte unique des vertébrés supérieurs adultes n'est, au fond, que le résultat de la fusion de deux vaisseaux distincts qui se réunissent sur la ligne médiane du corps et perdent ainsi le caractère bilatéral qu'ils partageaient avec les veines azigoz leurs satellites ; caractère bilatéral dont les Batraciens et les Reptiles conservent d'une manière permanente des traces plus ou moins affaiblies ?

Mais si l'Anatomie comparée est insuffisante pour découvrir et apprécier les faits que nous venons de signaler ; si les moyens dont elle dispose sont déjà inefficaces quand il s'agit de restaurer des formes que le progrès du développement a seulement dissimulées sans les anéantir, elle devient bien autrement impuissante lorsqu'il est question d'organes dont l'état adulte ne conserve plus aucun vestige. L'Embryogénie peut seule alors remplir ces grandes lacunes de la science et c'est à la supériorité de sa méthode d'investigation qu'il faut attribuer ce privilége. Elle découvre l'existence des corps de Wolff, ces organes de dépuration provisoire qui fonctionnent activement chez le fœtus jusqu'au moment où le développement des reins en rend la présence inutile et prépare leur complète résorbtion. Elle nous apprend que l'absence de certaines parties peut n'être pas une preuve d'infériorité organique réelle, par la raison que les espèces qui en sont dépourvues à l'état adulte ont pu les posséder pendant la vie fœtale, comme cela a lieu, en effet, pour la vessie urinaire et le pénis transitoires de la plupart des oiseaux par exemple. Son intervention nous enseigne donc, par conséquent, à prendre toutes ces parties en considération et à n'en négliger aucune dans les comparaisons qu'on veut établir.

Ainsi donc, on peut déjà pressentir, seulement d'après ces exemples, combien est grande la part de l'Embryogénie quand il s'agit d'établir, sur des bases solides, la signification relative des diverses pièces dont les organismes se composent. En restituant, en effet, à chacun de ces organismes les parties que le progrès du développement en a effacées ; en ramenant celles qu'il a dégradées ou confondues aux formes transitoires qu'elles ont successivement affectées, elle réduit la solution du problème aux proportions de l'opération géométrique la plus simple. Il n'y a plus alors qu'à superposer par la pensée les organismes les uns sur les autres, et la coïncidence des formes identiques devient la mesure des analogies, comme les modifications, les complications, les innovations que le progrès du développement a introduites deviennent celle des différences.

S'il en est ainsi, la mise en pratique de cette méthode doit nécessairement donner à la théorie des analogues un caractère de rigueur qu'elle n'aurait jamais pu revêtir, et, en lui assignant des limites précises, la soustraire à tous les écarts dont l'Anatomie comparée ne saurait la préserver. Voyons ce que sur ce point l'histoire de la science pourra nous apprendre.

Qu'ont fait les Anatomistes pour arriver à des résultats généraux? Ils ont suivi la seule voie qui fût ouverte à leurs investigations, et ici, comme toujours, ils ont obéi à cette loi de la nature humaine qui porte l'homme à juger ce qui est hors de lui par ce qui est en lui. Ils ont donc appliqué, si l'on peut s'exprimer ainsi, tous les organismes connus sur l'organisme humain qui leur servait de mesure, et de cette comparaison, faite avec les seules données que l'état adulte puisse fournir, on a déduit des conséquences plus ou moins contestables sur la nature des êtres vivants, sur le plan général de la création. Ce premier travail une fois accompli, on a pu suivre alors une route inverse et remonter des êtres inférieurs vers l'homme, afin de corriger, de modifier ou de confirmer les résultats d'une première opération. Mais ces deux opérations ont toujours été pratiquées sur des corps organisés adultes et qui, pour arriver à cet état, avaient déjà subi des transformations d'autant plus nombreuses qu'ils occupaient une position plus élevée dans la série. Il en est résulté que, dans les comparaisons, on a eu souvent à considérer comme analogues des parties qui, se trouvant toujours libres ou superficielles chez les êtres inférieurs, sont chez ceux qui occupent les degrés élevés de l'échelle organique, plus ou moins confondues ensemble, plus ou moins ensevelies dans les tissus et dont la véritable signification est, par cela même, complétement dissimulée. Il a fallu alors, pour concevoir et pour admettre ces prétendues ressemblances, un effort d'esprit d'autant plus considérable que, dans un cas, les parties étaient plus profondément cachées et que, dans l'autre, elles avaient conservé une position plus extérieure, plus indépendante. Une semblable abstraction devait nécessairement répugner aux esprits qui, cédant à l'habitude d'isoler les observations, ne pouvaient aisément se prêter aux exigences d'une science qui leur demandait d'accepter, comme analogues ou rapprochés, des faits si contradictoires en apparence, et entre lesquels la vue des formes extérieures ne leur montrait aucun lien de parenté. C'est pour cela que les véritables principes ont eu tant de peine à surgir, et qu'ils sont restés contestables jusqu'au moment où l'Embryogénie, venant en aide à l'insuffisance de l'analyse anatomique, en a fait l'objet d'une démonstration expérimentale. Quelques exemples vont nous en fournir la preuve.

Lorsque Vicq-d'Azir, préparant les voies de l'Anatomie comparée, eût commencé à signaler l'analogie du membre supérieur avec l'inférieur, dans l'espèce humaine, d'autres naturalistes affirmèrent que les machoires pouvaient être considérées comme deux paires d'appendices et avaient, par conséquent, la même signification que les organes locomoteurs. Cette nouvelle manière d'envisager des parties auxquelles on avait jusque-là attaché un sens diamétralement opposé, se trouve sans aucun doute conforme à la véritable nature des choses, et la structure de la bouche de certains insectes, chez lesquels ces éléments se trouvent isolés et mobiles, est une preuve dont on a déjà invoqué l'autorité. Mais il faut avouer que, lorsque pour la première fois une idée aussi hardie fut émise, il dût sembler étrange qu'on eût pu la concevoir; car il fallait alors une grande liberté d'esprit, je le répète, pour échapper aux habitudes classiques, et reconnaître que les os maxillaires de l'espèce humaine, réunis en un seul et profondément cachés dans les chairs, avaient quelque analogie avec les appendices locomoteurs. Cependant l'Embryogénie ne laisse aucun doute sur ce point. Elle montre que, chez l'Embryon des vertébrés et de l'homme lui-même, l'appareil masticateur est constitué, dès l'origine, par des bourgeons charnus semblables à ceux dont plus tard les membres se développeront. Ce n'est qu'à une époque plus avancée que ces bourgeons ou appendices maxillaires, en se combinant avec le bourgeon incisif, feront perdre à l'appareil masticateur la forme primitive transitoire qu'il affecte et lui donneront celle que la bouche conserve chez l'adulte.

Ce qui est vrai pour l'appareil masticateur, on peut le dire aussi de l'appareil génital dans les deux sexes. On avait appris en effet, par la dissection, que, chez l'adulte, le clitoris présentait deux corps caverneux, qui, par leur insertion aux os du bassin et leur structure intime, semblaient se rapprocher de l'organisation du pénis; mais la différence de configuration extérieure est telle, qu'on ne peut se résoudre à admettre que ces deux organes soient rigoureusement analogues. Rien n'est pourtant plus positif; car, si on les observe l'un et l'autre pendant le développement, on trouve leur ressemblance si grande, qu'il devient impossible d'y reconnaître la plus légère diversité. Cette ressemblance est même poussée jusqu'à une telle rigueur, que certains Anatomistes ont pu se croire autorisés à supposer qu'il n'y avait pas encore de sexe déterminé et qu'aux circonstances extérieures seules était réservé le pouvoir de transformer, à leur gré, l'organe primordial, identique et neutre, soit en mâle, soit en femelle.

L'Anatomie comparée avait encore appris que l'appareil génital externe mâle offrait des formes bien distinctes les unes des autres, suivant qu'on l'étudiait chez les serpens où il est constitué par deux corps allongés et complétement indépendants, chez les chéloniens où il a la forme d'une gouttière, chez les oiseaux où, quand il existe, il diffère peu de celui des chéloniens, chez les mammifères et l'homme où il représente un canal complet. Mais quel lien peut-elle saisir entre des parties si nettement et si différemment caractérisées? Ses moyens d'investigation ne lui permettent évidemment d'établir sur ce point que des conjectures. Il faut donc qu'elle demande à l'Embryogénie le secret d'une relation que l'état adulte ne peut lui révéler. Alors seulement il lui est permis de comprendre le véritable sens de cette relation; car l'appareil génital de l'espèce humaine ou des mammifères passe, dans la succession des phénomènes qu'il présente jusqu'à son complet développement, par chacune des formes particulières qui lui apparaissent isolées dans le reste de la série. Elle ne peut donc plus douter, grâces à l'Embryogénie, que ce ne soit là un seul et même organe qui s'est modifié selon les besoins de l'organisation.

Ainsi donc, l'Anatomie comparée n'étudiant les organes que lorsqu'ils ont revêtu des formes arrêtées, ne peut constater que leurs différences, et, quand elle découvre des ressemblances, ces ressemblances ne peuvent jamais dépasser les limites d'une analogie de structure accessible aux procédés artificiels de la dissection. Mais les relations profondes, fondamentales, essentielles qui font de ces formes en apparence si contradictoires, les termes de cette gradation progressive à l'aide de laquelle l'organisation s'élève vers le but final de son développement logique, c'est là un mystère qu'il ne lui est pas permis de pénétrer. Quand elle a démontré, par exemple, que l'appareil central de la circulation, simple canal chez les ascidies et les insectes, est un organe qui offre deux cavités chez les mollusques et les poissons, trois chez les reptiles, quatre chez les mammifères et l'homme, la science n'a encore acquis, par cette découverte, que des faits isolés, et ne peut, à travers les caractères tranchés de ces formes distinctes, saisir le lien qui les enchaîne les unes aux autres, ni la signification qu'il faut attribuer à chacune d'elles dans le plan général de la création. Elle rencontre encore une invincible difficulté lorsque, comparant le bulbe du cœur des vertébrés inférieurs avec celui des vertébrés supérieurs, elle trouve que chez les oiseaux, les mammifères et l'homme, ce bulbe se continue directement avec l'aorte abdominale par l'intermédiaire *d'une crosse unique*, pendant que chez les poissons et quelques reptiles, cette jonction s'opère à l'aide de six ou huit troncs vasculaires consacrés au service d'un appareil branchial dont les autres vertébrés sont dépourvus. Mais toutes les incertitudes cessent, tous les obstacles s'aplanissent dès que l'Embryogénie, rétablissant les rapports effacés, montre qu'avant d'atteindre son état définitif, le cœur le plus complexe a passé successivement, ainsi que son bulbe aortique, par tous les degrés d'organisation dont la série animale nous offre les formes permanentes. Toutes les déterminations prennent alors un caractère de rigueur qui exclut l'équivoque; chaque état transitoire devient la mesure de l'analogie avec l'état permanent qui lui correspond, et le passage d'un degré à un autre degré exprime le rapport qu'il y a entre les diverses formes dont on cherche la signification.

C'est ainsi que l'Embryogénie devient la science régulatrice, domine l'Anatomie comparée, s'élève au-dessus d'elle de toute la hauteur qui sépare la démonstration de la conjecture, la certitude de la probabilité; et que, sans se détourner jamais de la voie directement expérimentale, elle nous initie à l'idée générale qui préside à l'organisation des êtres vivants.

Je pourrais multiplier les exemples, prendre l'un après l'autre tous les appareils de l'organisme et montrer que, chez les êtres supérieurs, chacun de ces appareils passe, pendant le cours de son développement, par une succession de formes transitoires qui reproduisent, *dans les limites d'une relation saisissable*, les formes permanentes de tous les degrés de la série. Mais ceux que je viens de signaler suffisant pour faire concevoir que l'Embryogénie donne aux principes d'Anatomie comparée un caractère d'absolue précision, il me reste à montrer comment en établissant la Zooclassie sur des bases aussi solides, elle concentrera les efforts des naturalistes sous la direction d'une doctrine commune.

Nous avons déjà fait un grand pas vers la solution du problème; car s'il est vrai que, pour obtenir l'organisation supérieure, la nature suive toujours, dans le développement de chaque organe, une marche logiquement ascendante; si chacun des actes transitoires qu'elle accomplit ainsi dans son œuvre progressive trouve son équivalent fixe inscrit sur un des anneaux de la chaîne qu'elle établit, on est déjà conduit, par cela même, à cette double conséquence, que les corps organisés doivent être disposés en série croissante et que l'organisme le plus complexe doit résumer en lui tous les termes dont cette série se compose. Mais, obtenue par ces seules preuves, la solution du problème conserverait encore un vague peu compatible avec les procédés si rigoureusement précis que l'Embryogénie met en usage. Il ne suffit pas, en effet, pour faire prévaloir l'idée fondamentale du progrès organique, d'avoir établi sur des preuves certaines que le développement particulier de chaque appareil en offre le témoignage isolé; il faut démontrer encore que l'ensemble de l'organisme supérieur, soumis tout entier à l'empire de cette loi, en porte l'empreinte passagère successivement caractérisée et déroule à nos yeux le tableau fugitif de l'admirable chaîne dont la création présente l'image conservée.

Voyons donc comment cet organisme supérieur, considéré dans son ensemble, pourra, par le déroulement progressif de sa forme successivement plus complexe, nous faire comprendre la véritable gradation de la série vivante. Nous examinerons ensuite quel sens il faut attacher à ses prétendues métamorphoses, et nous n'aurons pas de peine à faire voir que, loin de venir en aide à la théorie de la transfiguration des êtres sous l'influence des agents extérieurs, ces prétendues métamorphoses, lorsqu'on les interprète d'une manière conforme à la véritable nature des choses, en excluent formellement la possibilité.

Les principales phases du développement de l'organisme supérieur peuvent se résumer dans la circonscription de deux périodes fondamentales. La première est caractérisée par l'apparition de cet organisme sous forme d'œuf ou de blastoderme et correspond à la division des invertébrés. La seconde se distingue par la naissance d'un appareil branchial transitoire sur l'individu qui émane de cet œuf ou de ce blastoderme, et se rapporte à la division des vertébrés. Quelle est la signification des principaux faits qui remplissent chacune de ces périodes? C'est ce qui va faire l'objet d'un rapide examen.

PREMIÈRE CONCORDANCE.

L'une des formes les plus simples que l'organisation puisse revêtir est, sans contredit, celle que l'on désigne sous le nom de vésicule, d'utricule, ou de cellule. C'est par-là que la matière commence à s'individualiser; c'est à cet état qu'elle entre dans la composition des tissus. Or, s'il est vrai que l'animal supérieur, considéré dans son ensemble, présente des analogies successives avec les principaux types de l'organisme sérial, il faut qu'il y ait un moment où son organisation se réduise à la simplicité de la cellule. L'œuf nous offre l'image transitoire de cette simplicité, car il a tous les caractères de la cellule et se développe comme elle. Il est constitué, de même que cette dernière, par une membrane enveloppante et par un contenu cellulaire ; mais ce contenu, au lieu de subir le sort qui lui est réservé dans les cellules communes, tend à marcher incessamment vers le but de sa haute destination. L'analogie est donc ici dans la forme seulement ou dans l'apparence, et la différence dans la nature de la force qui anime cette forme et en coordonne les matériaux.

DEUXIÈME CONCORDANCE.

Le contenu de la vésicule ou de la cellule que l'œuf représente est employé, par le progrès du développement, à former les parois d'une sphère creuse qui, sous le nom de blastoderme, donnera naissance à l'enveloppe générale ou à la peau du nouvel être, c'est-à-dire à la trame qui servira de base aux organes de la vie animale ou de relation. Par conséquent, si, en entrant dans la seconde phase de son évolution, l'organisme supérieur se trouve exclusivement représenté, à cette époque, par le rudiment de son enveloppe générale future, on peut dire qu'il offre, par cela même, une certaine concordance avec les animaux inférieurs, tels que les médusaires et les hydres, chez lesquels, l'enveloppe générale, tactile, locomotrice, remplit toutes les fonctions et constitue l'organisme adulte tout entier.

On dira, peut-être, pour repousser ces analogies, que dans un point de la paroi blastodermique, il se manifeste de bonne heure une ligne primitive ou vertébrale dont les animaux inférieurs ne présentent jamais aucune trace; mais c'est là précisément ce qui fait que ces ressemblances ne peuvent jamais avoir le caractère de l'identité et que, tout en exprimant l'idée évidente d'un plan général commun à tous les êtres, elle exclut la possibilité d'une transfiguration sous l'influence des agents extérieurs.

TROISIÈME CONCORDANCE.

Bientôt le blastoderme, rudiment de l'enveloppe générale sensoriale et locomotrice, se montre doublé à sa face interne par un nouveau feuillet qui est destiné, en subissant des modications successives, à former l'intestin et à devenir en grande partie la base des appareils de la vie organique. Mais ce feuillet, confondu pendant un certain temps avec celui qui représente la vie de relation, ne peut être qu'artificiellement séparé, dans le principe, de l'organisme naissant dont il fait partie. Ce n'est qu'à une époque un peu plus avancée que le progrès de son évolution tend à l'isoler naturellement, en individualisant chacun des deux éléments fondamentaux de la vésicule blastodermique dans la direction qui lui est propre. Mais, en attendant, l'organisme supérieur, pris à l'état que nous venons d'indiquer, se compose des mêmes parties qui forment l'organisation permanente des actinozoaires et des polypes inférieurs, dont le caractère essentiel consiste dans la séparation plus ou moins incomplète de la peau et de l'intestin.

QUATRIÈME CONCORDANCE.

A mesure que le développement se poursuit, le feuillet sensorial du blastoderme se distingue et s'isole davantage du feuillet intestinal. Le feuillet intestinal, de son côté, tend à prendre la forme de tube digestif. Ils finissent ainsi par ne plus être unis ensemble qu'en deux points isolés, dont l'un correspond à la bouche et l'autre à l'anus. Or, comme ces deux feuillets restent toujours emboîtés, il en résulte que l'organisme supérieur, pris à ce moment de son existence, peut, jusqu'à un certain point, être comparé à un manchon dans l'intervalle de la double paroi duquel vont successivement ou simultanément se développer l'appareil de la circulation et les viscères; disposition transitoire qui a une certaine analogie avec le degré d'organisation dont les vers et les sangsues, par exemple, sont l'image la plus expressive. Mais, on ne saurait trop le répéter, toutes ces concordances ne peuvent jamais aller au delà des limites qui conservent à l'organisme qui les manifeste le type supérieur dont il est virtuellement empreint, même alors que son développement est à peine commencé.

CINQUIÈME CONCORDANCE.

En même temps le cœur naît, sous la forme d'un simple canal, entre l'enveloppe générale et l'intestin, pour y subir successivement toutes ses métamorphoses. Les viscères qui émanent du tube digestif, naissent aussi dans le même espace, et se développent dans une cavité commune, jusqu'au moment où la cloison diaphragmatique vient diviser cette cavité en thorax et en abdomen. Or, comme le cœur et les autres viscères, avant d'atteindre leur état définitif, ont une simplicité d'organisation que ces mêmes organes conservent plus ou moins chez les mollusques et les insectes, on peut dire que, sous ce rapport, l'Embryon de l'animal supérieur présente une concordance transitoire avec les organismes qui constituent les séries parallèles des invertébrés les plus complexes. Cependant, on se ferait une idée fort inexacte du véritable état des choses, si l'on allait supposer que l'animal supérieur dans les phases successives de son évolution, représente d'une manière rigoureuse les divers types de l'animalité avec lesquels nous lui reconnaissons une certaine analogie. Le développement d'un organisme quelconque ne saurait être considéré comme l'addition nécessairement successive de tous les degrés organiques qui lui sont inférieurs et qui viendraient, pour ainsi dire, se surajouter les uns aux autres pour le former; mais comme une unité indivisible qui peut résumer l'idée générale de la création dans une réalisation progressivement simultanée, sans qu'il soit nécessaire pour cela qu'elle en reproduise intégralement tous les termes.

SIXIÈME CONCORDANCE.

Pendant que par son développement blastodermique, l'organisme supérieur indique ainsi la limite et le degré de ses concordances avec la série des invertébrés, il exprime son affinité avec les vertébrés inférieurs par la manifestation transitoire d'un appareil branchial rudimentaire, dont la présence donne à l'ensemble des êtres qui forment cette grande division du règne animal, un caractère commun qui traduit l'unité de plan, mais qui, par la manière dont ses parties constituantes se modifient ou se transforment, dévoile la direction selon laquelle les différences se produisent. Il ne faudrait pas croire cependant que, chez l'homme et les vertébrés supérieurs, cet appareil branchial prenne jamais un développement suffisant pour accomplir l'acte de la respiration. Il naît, se développe et s'efface sans jamais dépasser la forme rudimentaire : son apparition et son évanouissement, témoignages évidents d'un progrès organique, ne sauraient éveiller l'idée d'une fonction accomplie.

SEPTIÈME CONCORDANCE.

Nous venons de dire que l'organisme supérieur atteignait, dans son développement logique, jusqu'au degré correspondant aux vertébrés inférieurs, et que l'Embryogénie en donnait la preuve directe en démontrant, sur les côtés du cou du fœtus, l'existence de fentes ou d'arcs branchiaux transitoires. Il s'agit de savoir maintenant s'il franchit cette limite en continuant à suivre une direction toujours concordante avec les degrés qui le rapprochent de l'homme, dont l'organisme deviendrait ainsi le résumé et le terme de l'œuvre accomplie.

Le système nerveux cérébro-spinal donne la mesure de cette gradation. Réduit d'abord à un degré de simplicité concordant avec l'organisation permanente de celui des poissons, on le voit, par des efflorescences de plus en plus complexes de son renflement cœphalique offrir, dans l'Embryon humain, l'image successive de celui des reptiles, des oiseaux, des mammifères et s'élever ainsi, à travers les quatre classes de vertébrés, jusqu'à sa plus grande perfection. Il désigne donc, par chacune des principales phases de son développement, la place que chacune de ces classes doit occuper dans la série, et devient, si l'on peut ainsi parler, le zoo-mètre le plus rigoureusement exact dont on puisse faire usage.

Ainsi donc, à mesure que la science comprend davantage

le mécanisme de la génération de êtres vivants ; à mesure qu'elle distingue plus clairement la direction de la force qui préside à leur développement, l'idée du progrès se révèle à ses yeux comme la loi de la création. L'homme lui apparaît comme le but et le terme actuel de l'œuvre dont cette création est le résultat ; car il n'acquiert le privilége de sa suprématie hiérarchique qu'après avoir passé par tous les degrés de la série, qu'après avoir répété, dans le développement de son propre organisme, tous les actes de la création vivante, et s'être ainsi élevé jusqu'à une suffisante perfection pour que cette loi du progrès, qu'il subit dans l'ordre matériel, soit librement accomplie par lui dans l'ordre moral.

Mais le fait du progrès organique conduit-il nécessairement à la conséquence que les corps vivants ont dû, sous l'influence des agents extérieurs, se transformer les uns dans les autres, et l'homme ne serait-il, en définitive, comme on l'a dit, que le dernier terme de cette métamorphose? Telle est la pensée qui s'éveille dans l'esprit de l'observateur qui suit d'un œil attentif la succession des phénomènes que les êtres manifestent pendant leur développement. Il semble, en effet, qu'au premier abord, la théorie de la transfiguration, soutenue avec tant d'autorité par Lamark, Geoffroy-Saint-Hilaire, Gœthe, Oken, Carus, trouve dans la succession des formes transitoires du fœtus ou de chacun de ses organes, tous les éléments d'une démonstration expérimentale, et que le déroulement de cette succession exprime actuellement la possibilité que, sous l'influence de circonstances favorables, de nouvelles formes puissent être engendrées par une simple modification ou par le progrès de celles qui existent aujourd'hui. Mais il ne faut pas oublier que les ressemblances transitoires que le fœtus manifeste avec les organismes des divers degrés de la série, ne dépassent jamais, comme nous l'avons déjà dit, les limites d'une analogie restreinte. Je vais montrer maintenant, par un exemple décisif, que, même dans les cas où la concordance des formes matérielles est assez rigoureuse pour revêtir les apparences de l'identité, il existe encore alors, sous ces apparences, une différence fondamentale qui exclut la possibilité d'une transfiguration. Nous en trouverons une preuve éclatante dans la manière dont l'organisation caractéristique de chaque sexe se dégage d'une forme primitive commune, et nous verrons que, sous le voile de l'identité la plus absolue, chacun de ces sexes conserve cependant le type qui lui est propre et que les circonstances qui peuvent modifier le développement de l'un, n'ont pas la plus légère influence sur l'autre ; ce qui prouve d'une manière manifeste, qu'il n'y a, dans leur identité apparente, qu'une simple forme phénoménale, et non point une réalité essentielle. Nous allons donc insister sur ce fait avec d'autant plus de détail, qu'il nous fournit l'unique solution expérimentale qui, sur des questions de cette nature, puisse être obtenue.

Les travaux remarquables D'Ackermann, d'Autenrieth, de Tiedmann de Meckel, Blainville, Geoffroy-Saint-Hilaire Serres, et de quelques autresAnatomistes, ont amené à reconnaître que tous les éléments qui entrent dans la composition de l'appareil génital externe sont, originairement, dans l'un et l'autre sexe, tellement semblables à l'œil de l'observateur, qu'il est tout à fait impossible de découvrir entre eux la plus légère différence. Or, comme cet appareil se présente d'abord sous la forme d'une fente longitudinale ou d'un cloaque qui s'étend depuis l'extrémité libre du pénis neutre jusqu'à l'ouverture anale qui fait partie de ce même cloaque, ces physiologistes éminents ont été conduits à admettre que, primitivement, il n'y avait qu'un seul sexe; que ce sexe était femelle, et que, par conséquent, le sexe mâle n'était qu'un développement prolongé de la femelle, puisque, dès l'origine, tous les Embryons avaient, dans leur manière de voir, une constitution féminine.

De cette conclusion, déduite de tous les faits observés jusqu'alors dans la série animale, et que l'histoire de la monstruosité semblait légitimer; de cette conclusion, qu'adoptèrent la plupart des Anatomistes, à l'idée de la possibilité de provoquer à volonté la production de l'un ou l'autre sexe sous l'influence de circonstances postérieures à la conception, il n'y avait q'un pas; car s'il est vrai, comme on l'a avancé, qu'originellement tous les Embryons soient femelles, le sexe mâle, avant d'atteindre son état définitif, a dû nécessairement exister d'abord avec une constitution féminine, laquelle, par un excès de développement, serait dépassée, si je puis ainsi dire, pour revêtir le caractère mâle chez les individus qui ne s'arrêteraient pas à ce premier état. Telle est, en effet, la conséquence à laquelle un certain nombre d'auteurs sont arrivés.

Or, le moment où les Embryons passeraient de la forme féminine à la forme masculine ne pourrait être, dans cette théorie, que postérieur à la conception, comme je l'ai déjà dit, puisque les parties sexuelles ne commencent à se manifester qu'à une époque plus ou moins avancée du développement Embryonnaire. Par conséquent, la raison du sexe mâle ne résiderait pas dans le germe, puisque celui-ci, livré aux seules ressources de la force initiale qui préside à son évolution, devrait toujours aboutir au sexe femelle. De là il suit, qu'au lieu d'être un fait originel dont le germe porterait en lui la raison, le sexe mâle serait un progrès sur le sexe femelle, mais nu progrès qu'il faudrait attribuer au caprice des circonstances extérieures qui, selon qu'elles seraient défavorables ou propices, contraindraient les Embryons à persister dans leur nature féminine primitive, normale, ou à subir, à une époque même où leur développement serait déjà assez avancé, une constitution masculine qu'il faudrait alors considérer comme accidentelle; car autrement il n'y aurait pas de motif pour que tous les individus ne fussent pas femelles. Le secret de la production des sexes ne consisterait donc qu'à découvrir les circonstances accessoires qui, agissant plus ou moins efficacement après la conception, opéreraient la transformation sexuelle dans le sein maternel chez les vivipares, hors du sein maternel chez les ovipares. Le hasard seul, dans cette manière de voir, règlerait la proportion des sexes.

Mais cette théorie sur la constitution féminine du sexe primitif, me paraît manifestement basée sur des apparences et non sur la réalité. Car si l'on étudie l'appareil génital externe dans les premiers temps de son apparition, on remarque que cet appareil, au lieu de présenter une forme qui le rapproche de ce qu'il deviendra chez la femelle adulte, proémine au contraire d'une manière tellement exagérée, qu'on serait bien plutôt tenté de considérer tous les Embryons comme revêtus d'abord du caractère mâle, que du caractère femelle, si un examen plus attentif ne révélait un caractère neutre.

De tous les faits observés il résulte seulement que, dès l'origine, les deux sexes sont matériellement tout à fait semblables, et qu'il serait tout aussi inexact de leur assigner une constitution femelle que de leur attribuer une constitution mâle. Il faut donc admettre que l'état primitif est un état neutre; qu'à ce moment, il n'y a pas encore de sexe visiblement déterminé, et que cet état neutre est le point commun d'où le mâle et la femelle marchent en divergeant, par une modification tout aussi profonde pour l'un que pour l'autre, vers leur état définitif. On peut donc avancer que tous les Embryons, dans les premiers temps, et *seulement sous le rapport de la conformation extérieure du sexe*, sont, si l'on peut ainsi parler, dans un état d'indifférence. Mais cette indifférence qui, au point de vue de la forme, ne peut être niée, ne dissimule-t-elle pas une différence originelle qui, plus tard, seulement pourra se traduire en forme sensible ou en différence matérielle?

S'il en était ainsi, on serait en droit d'affirmer que, dans le principe, chaque germe porte en lui la cause suffisante du sexe dont il doit revêtir la forme; qu'il possède ce sexe en puissance, pour ne le traduire en acte que sous l'influence exclusive de la force qui préside au développement du nouvel individu. Dès lors, l'indifférence sexuelle primitive ne serait au fond qu'une forme phénoménale, et non point une réalité essentielle : la croyance à la possibilité de provoquer la transmutation des sexes, sous l'influence de circonstances postérieures à la conception, serait une erreur.

C'est, en effet, par un raisonnement spécieux que, de la similitude de configuration extérieure, l'on a conclu à l'identité des sexes; car on n'a pas déduit cette conclusion de tous les éléments dont elle devrait découler pour être légitime. On n'a fait entrer en ligne de compte que les apparences de forme, sans avoir égard à la cause ou à la force qui produit ces apparences, et l'on n'a pas compris que, pour atteindre dans chaque sexe à un but si différent, quoique par la modification d'une forme primitive semblable, cette force, doit, alors même que tous les individus présentent une configuration tout à fait identique, s'exercer nécessairement d'une manière diverse pour l'un et l'autre sexe. Car, s'il en était autrement, il n'y aurait pas de motif pour que la nature arrivât jamais au delà du point où les deux sexes se confondent dans une même forme extérieure, et, par conséquent, elle ne pourrait produire que des êtres sans sexe déterminé, stériles, neutres, c'est-à-dire non différents.

Si parmi les phénomènes du développement en général, on était légitimement autorisé à conclure de la similitude matérielle des formes extérieures à l'identité absolue, essentielle; identité dont l'admission entraîne nécessairement la propriété d'une conversion des organes identiques les uns dans les autres, il faudrait alors, en acceptant les conséquences d'une semblable logique, admettre la possibilité de la transformation d'un Embryon, je ne dis pas seulement d'un mammifère dans celui d'un autre mammifère, mais de celui d'un oiseau ou d'un reptile dans celui de l'espèce humaine; car il est une époque où les Embryons de tous les vertébrés, sont tellement identiques à l'œil de l'observateur, qu'en faisant abstraction des membranes de l'œuf, il serait impossible de leur trouver une différence susceptible d'être convertie en un caractère distinctif de la plus légère valeur. Or, je le demande, qui voudrait accepter aujourd'hui la responsabilité d'une opinion assez hardie pour admettre qu'il suffirait à un Embryon de reptile de se développer dans des circonstances convenables, pour devenir un oiseau ou un mammifère? Cependant une semblable conséquence, si l'on transportait ici le raisonnement à la faveur duquel l'on a voulu établir l'identité absolue des sexes, serait tout aussi rigoureuse que dans le premier cas.

Ce que je viens de dire des Embryons des vertébrés, je pourrais le dire, avec plus de raison encore, des membres antérieurs comparés aux postérieurs, dans l'Embryon de l'espèce humaine; et certes, il n'est pas de parties qui, tout en conservant dans l'âge adulte une similitude que les travaux de Vick-d'Azir ont si heureusement démontrée, atteignent à une divergence plus grande que celle qui sépare l'admirable organisation de la main de celle du pied. Cependant, l'un et l'autre de ces appendices offrent chez l'Embryon, sous la forme de bourgeons charnus, une configuration matérielle tellement identique, que l'Anatomiste le plus exercé ne pourrait les distinguer si on les lui présentait séparés du tronc. Ici pourtant on ne peut pas dire que ces appendices se diversifient sous l'influence de circonstances différentes; car les uns et les autres se développent sur le même individu, dans le même sein maternel et, par conséquent, avec toutes les conditions nécessaires pour maintenir l'identité, si réellement la similitude de forme extérieure, pendant la vie Embryonnaire, entraînait l'idée d'une identité absolue. Pourquoi donc le pied n'acquiert-il jamais que la disposition propre à la station, pendant que la main s'élève jusqu'à une si merveilleuse organisation?... C'est que la similitude de configuration extérieure, pendant la vie Embryonnaire, n'est, comme je le disais plus haut, qu'une forme phénoménale, et non point l'expression rigoureuse de l'identité; c'est que sous cette forme, et au delà de ce que l'œil saisit, il y a quelque chose que l'œil ne peut atteindre, et qui renferme en soi la raison suffisante de toutes les différences que l'unité de configuration nous dissimule, différences qui, plus tard seulement, se trouveront visibles.

Les circonstances extérieures peuvent bien amoindrir l'action des causes qui président au développement; mais elles n'ont jamais le pouvoir de les détourner de leur direction primordiale. On peut bien, suivant que l'on soumet des *œufs femelles* de certaines espèces, des abeilles par exemple, à des influences plus ou moins favorables, en faire sortir des femelles stériles ou fécondes, mais on ne réussit jamais à faire passer un sexe dans un autre, et, sous ce rapport, les hyménoptères fournissent des observations tellement concluantes, qu'il suffira de les présenter sous leur véritable jour pour donner au problème, dont nous cherchons la solution, tous les caractères d'une démonstration expérimentale.

Depuis la belle découverte de Schirack, confirmée par Huber, l'on sait que les abeilles ouvrières sont des femelles inféconde dont les ovaires, à défaut de circonstances extérieures suffisantes, n'ont pas subi tout leur développement, et qui, privées de la faculté de produire des œufs, consacrent toute leur activité à soigner ceux de la reine-mère, à élever les larves qui en sortent et travaillent ainsi au profit de la communauté. Mais ces abeilles ouvrières qui, dans quelques cas exceptionnels, peuvent devenir fertiles, n'auraient eu besoin, comme l'expérience le démontre, pour être préservées de la stérilité, que d'être nées dans les cellules royales, et d'y avoir été nourries avec la gelée qu'elles prodiguent aux larves privilégiées qui se développent dans ces mêmes cellules, et qu'elles préparent au trône, en leur fournissant toutes les circonstances propres à les convertir en femelles fécondes. Aussi les reines-mères sont-elles douées d'un instinct qui leur permet de pressentir de quelle sorte sont les œufs qu'elles vont pondre et de les déposer dans les cellules qui leur conviennent.

Il est certain, d'après les faits observés par Huber et Réaumur, que, dans l'état normal, la reine ne se trompe jamais sur le choix des cellules et qu'elle pond toujours les œufs des ouvrières dans les petites, et les œufs des mâles dans les grandes. Les ouvrières elles-mêmes paraissent avoir la prévision de ce qui doit arriver, car, lorsque les œufs sont déposés, on les voit fermer les cellules d'une manière différente, suivant que les larves qu'elles sont destinées à protéger, doivent se transformer en abeilles communes ou en faux-bourdons, et expriment ainsi au dehors, au moyen d'une architecture particulière, ce qui se passe dans l'intérieur des alvéoles.

Quoiqu'il en soit d'une prévision qui indique manifestement que les œufs sont marqués d'avance d'un caractère sexuel qui précède leur développement extérieur et, par conséquent, l'influence des circonstances postérieures à la conception, toujours est-il bien avéré que ceux qui, dans une cellule d'ouvrière, produisent nécessairement une abeille commune, stérile ou neutre, n'auraient eu besoin, pour se convertir en reines-mères, que d'être éclos dans une cellule royale et au milieu de circonstances plus favorables. Or, si, comme on l'admet dans la théorie la plus accréditée, les individus mâles, avant d'acquérir leur caractère masculin définitif, avaient d'abord subi une constitution féminine originelle, il devrait suffire, pour les empêcher d'atteindre leur constitution masculine et les contraindre à persévérer dans leur nature première, de prendre les œufs dont ils proviennent au moment où le germe qu'ils renferment n'a point encore subi la transformation sexuelle, et de les forcer à se développer dans les mêmes circonstances qui convertissent les œufs d'ouvrières en reines-mères. Si, malgré ces circonstances, leur destination n'était point changée, il resterait démontré, par voie expérimentale, que les œufs mâles ont en eux quelque chose dont les œufs femelles sont privés et qui les rend inaccessibles aux influences que ces derniers ne peuvent subir sans en être modifiés. De là il résulterait que les deux sexes n'existeraient pas originellement confondus dans l'identité absolue d'un type féminin, dont on suppose, à tort, que le sexe mâle sortirait par la seule puissance des agents extérieurs; mais que le germe, au contraire, cacherait son originalité sexuelle, qu'on me permette cette expression, sous une apparence d'identité, ou plutôt sous une forme neutre. Les abeilles vont nous fournir ici l'occasion de soumettre la question à cette épreuve décisive.

Nous venons de dire que, dans l'état normal, les abeilles semblaient avoir la prévision du sexe des individus qui devaient sortir des œufs qui allaient être pondus ou dont la ponte venait d'être effectuée. Mais il est des circonstances dans lesquelles cette prévision semble les abandonner et ces circonstances coïncident avec le temps où la reine-mère n'a plus la faculté de produire des œufs femelles et n'est plus susceptible de pondre que des œufs de faux-bourdons. Il est même une époque, et c'est la première période de son existence, où elle pond indistinctement des œufs d'ouvrières et de mâles; mais vers le onzième mois environ elle ne peut plus produire que des œufs de faux-bourdons, et en si grand nombre, que dans l'espace de deux mois on a pu en compter jusqu'à trois ou quatre mille. On peut même, à l'aide d'un artifice bien simple, empêcher une reine de pondre jamais des œufs femelles et la condamner à produire toute sa vie des mâles. Il suffit pour cela, lorsqu'elle vient de naître, de l'empêcher de sortir de la ruche jusqu'au vingt-cinquième jour après son éclosion; car alors la fécondation, qui ne peut s'opérer qu'à une assez grande hauteur dans les airs, se trouve retardée et, par le fait même de ce retard, la reine en est réduite pendant toute sa vie à ne procréer que des mâles. Elle dépose alors indistinctement ses œufs dans toutes les alvéoles, et l'on voit les ouvrières donner aux larves qui naissent dans les cellules royales la même éducation qu'à celles que, dans l'état normal, elles destinent au trône. Mais leurs espérances sont trompées et leurs soins inutiles; car, malgré tous leurs efforts, elles ne peuvent réussir à changer le type sexuel des œufs et ce sont toujours des faux-bourdons que l'éducation royale n'a pu détourner de leur nature originellement masculine.

Or, s'il était vrai que la rigoureuse similitude des formes extérieures des deux sexes fût un témoignage réel de l'identité de leur essence primordiale, n'est-il pas évident que des influences essentiellement identiques devraient toujours produire, sur l'un comme sur l'autre, des effets identiques? et que tout ce qui aurait le pouvoir de modifier l'un devrait nécessairement modifier l'autre? Cependant, ces influences dont nous pouvons disposer à notre gré, ou que la nature met en jeu sans y être provoquée, ces expériences qu'elle exécute devant nous, sont trop positives pour qu'il soit possible de résister à l'évidence de l'enseignement qu'elles renferment. Elles démontrent que les agents extérieurs peuvent bien, comme je l'ai déjà dit, ralentir ou arrêter le progrès du développement d'un organe ou d'un individu ; mais qu'ils n'ont pas la puissance d'en détourner la direction, d'en changer le but, ni de lui faire dépasser les limites que la nature assigne à chaque espèce.

HISTOIRE

GÉNÉRALE ET PARTICULIÈRE

DU

DÉVELOPPEMENT

DES CORPS ORGANISÉS.

HISTOIRE

GÉNÉRALE ET PARTICULIÈRE

DU DÉVELOPPEMENT

DES CORPS ORGANISÉS.

CHAPITRE I.

DIVERS MODES DE GÉNÉRATION.

L'homme et les animaux proviennent d'un œuf. Les végétaux émanent d'une vésicule, d'une utricule, ou d'une cellule. Or, comme en définitive un œuf n'est lui-même qu'une cellule plus ou moins complexe, il s'ensuit que, considérés à ce point de vue, tous les corps organisés ont une origine commune.

C'est ainsi que la science moderne, en découvrant l'analogie qui existe entre l'œuf de l'homme, des Mammifères et celui des ovipares, entre la cellule organique et l'œuf lui-même, consacre le vieil adage : *omne vivum ex ovo*, et lui donne tous les caractères d'une démonstration expérimentale. Ce que le grand Harvey ne pouvait exprimer, en effet, que comme une vue hardie de l'esprit, ou une généralisation prématurée, nous pouvons le dire aujourd'hui comme l'incontestable résultat de nos expériences et de nos dissections : *tout ce qui est vivant peut se développer d'une vésicule, d'une cellule ou d'un œuf.*

Mais si, réduits ainsi à leur plus simple expression, et ramenés par la pensée à la forme primitive qu'ils affectent dans leur germe, tous les êtres vivants se présentent d'abord *sous les apparences d'une identité originelle*, on ne peut aborder l'histoire de leur développement sans avoir préalablement étudié le mécanisme à la faveur duquel cette forme initiale se dégage du sein de la matière amorphe. Nous sommes donc naturellement conduits à rechercher quel est le mode de génération des cellules et à montrer par quelle succession de découvertes la science a marché vers la solution de ce difficile problème. Il convient cependant, avant d'aller plus loin, de constater que si tous les corps organisés peuvent se développer d'une cellule ou d'un œuf, ce mode de génération n'est pas le seul auquel la nature confie le soin de leur propagation.

Il existe, en effet, trois modes de reproduction bien distincts, et, tandis que les êtres inférieurs peuvent les réunir tous les trois ou se développer alternativement par l'un ou par l'autre de ces procédés, on voit ceux qui occupent une position plus élevée dans la série, en offrir deux seulement, pendant qu'il n'y en a plus qu'un seul pour ceux dont l'organisation représente une individualité plus parfaite.

Ces trois modes de multiplication sont ceux par division,

scission ou bouture, par bourgeons ou gemmes, par œufs, vésicules ou cellules. On les a désignés, en ce qui concerne les animaux, sous les noms de *gemmiparité, scissiparité, oviparité*. Ils coexistent chez les végétaux et les animaux les plus simples qui, comme les Hydres, conservent le privilége de cette triple faculté génératrice. Mais à mesure que l'organisation se complique, on voit tantôt la scissiparité disparaître, ainsi que cela a lieu quand on s'élève jusqu'aux Polypes supérieurs et aux Ascidiens ; tantôt la gemmiparité faire défaut comme les Planaires et les Naïs en offrent des exemples, et comme cela paraît probable pour un certain nombre d'infusoires qui jouissent à un haut degré de la faculté de se reproduire par scission. Il ne faudrait pas croire cependant que la scissiparité ou la gemmiparité doivent nécessairement se rencontrer chez tous les animaux inférieurs. Il en est, qui, quoique placés à un degré très-peu élevé de l'échelle, ne se développent jamais que par des œufs, comme les Astéries, les Oursins, etc, en sont une preuve depuis longtemps acquise.

Les corps organisés qui se développent par les trois procédés que nous venons de signaler, ou même ceux qui ne peuvent en exercer qu'un seul, jouissent de cette faculté à des degrés bien différents. On peut même dire que la faculté de se reproduire en général, et chaque mode de génération en particulier, tendent à se spécialiser et se centralisent davantage à mesure qu'on s'élève dans l'échelle des êtres. C'est ainsi que la scissiparité, par exemple, qui, chez les Hydres et les Planaires, est assez diffuse pour que chaque lambeau du corps puisse, quel que soit le sens de sa division, reproduire tout l'organisme, n'est plus possible, dès qu'on s'élève jusqu'aux Naïs et au Ver de terre, qu'à la condition que cette division s'opérera spontanément ou sera artificiellement pratiquée dans le sens transversal. Au delà de ce degré d'organisation cette faculté s'évanouit d'une manière complète.

Il en est de même de la gemmiparité. Ce mode particulier de propagation qui, chez les Hydres, n'est au fond qu'une scission tardive, peut être indistinctement exercé par tous les points du corps de ces animaux et s'y montre aussi universellement répandu que le bourgeonnement chez les végétaux. Mais dès qu'on arrive aux Polypes et aux Ascidiens, on trouve que ce mode de propagation, quoiqu'il y conserve une très-grande fécondité, n'en a pas moins subi une sensible restriction, en ce sens que chaque individu d'une communauté ne peut plus l'exercer que sur des points particuliers consacrés à cet usage. On peut constater, en effet, que déjà chez les Coraux, tous les individus qui se développent sur le tronc ou les rameaux d'une tige commune, conservent une portion plus ou moins considérable de leur corps sur laquelle il ne se manifeste jamais de bourgeons. La gem miparité y est donc beaucoup plus restreinte que chez les Hydres, puisqu'elle s'y concentre sur des points en quelque sorte réservés et en dehors desquels aucune influence ne peut la déterminer. Cette localisation restrictive de la gemmation se montre, comme je l'ai déjà dit, chez les Polypes en général ainsi que chez les Ascidiens, et ce mode de reproduction tend à s'anéantir dès qu'on s'élève au-dessus de ce degré d'organisation; mais, avant de disparaître complétement, il conserve, jusque chez les animaux supérieurs eux-mêmes, des vestiges encore saisissables de son existence affaiblie. Il est vrai que n'ayant plus alors assez d'intensité pour reproduire tout l'organisme, il se borne à en régénérer certaines parties. C'est ainsi que l'on voit l'œil pédiculé d'un Crustacé, la queue ou les membres d'une Salamandre renaître lorsqu'on en partique l'ablation.

Il y a des animaux qui ne sont scissipares ou gemmipares qu'à l'état de larves, et qui deviennent exclusivement ovipares dès qu'ils ont subi toutes leurs métamorphoses. Les Acaléphes sont dans ce cas. Ainsi la *Medusa aurita* donne des œufs d'où sort un Embryon cilié ressemblant à une infusoire du genre Leucophre. Bientôt ce jeune animal prend la forme d'un Polype *Hydraire* qui se multiplie d'abord par gemmation, et plus tard se divise en un certain nombre de tranches transversales qui se convertissent toutes en Méduses ovipares.

Quant à l'oviparité, elle est commune à toutes les espèces animales et devient l'unique moyen de propagation de celles qui ne sont ni scissipares ni gemmipares, c'est-à-dire du plus grand nombre et, pour la plupart, des plus élevées en organisation. Mais pendant que chez les êtres inférieurs comme les Spongiaires et les Hydres, la formation des œufs peut s'accomplir indistinctement sur tous les points du corps, on la voit, à mesure qu'on s'élève, se concentrer dans des organes spéciaux qui prennent le nom d'ovaires et dont le nombre variable finit par se réduire à deux, et souvent même à un seul (1).

(1) Les Radiaires sont, de tous les animaux, ceux qui offrent le plus grand nombre d'ovaires. Ils en ont toujours un ou deux pour chaque rayon. L'Oursin commun, par exemple, a, autour de l'anus, cinq grappes ovariennes, dont chacune aboutit au bord externe de cette ouverture par un canal excréteur particulier.

Ce dernier mode de propagation, l'oviparité, étant, ainsi que nous venons de le dire, commun à toutes les espèces, devra, précisément à cause de sa généralité, fixer le premier notre attention et, à mesure que nous étudierons l'origine de l'œuf, nous serons naturellement conduits à examiner si cet œuf ne présente pas, dans la manière dont il se sépare de l'organisme, quelque caractère qui permette de le rapprocher du gemme et du bourgeon, ou si, au conraire, ces trois modes de génération doivent être considérés comme essentiellement différents. Mais l'étude de la formation de l'œuf suppose nécessairement la connaissance préalable du développement de la cellule; car l'œuf luimême n'est au fond qu'une véritable cellule, et la cellule constitue l'une des formes les plus simples que l'organisation puisse revêtir. Nous allons donc préluder à l'étude de l'œuf, par celle de la formation de la cellule en général.

Les Astéries en ont dix (une paire pour chaque rayon) qui viennent s'ouvrir par autant d'oviductes autour de la bouche, tout près de l'angle de réunion des bras. Les Comatules ont un ovaire près de chaque pinnule de leurs bras. Une Comatule à dix bras peut avoir jusqu'à mille ovaires et peut-être davantage.

Chez les Acaléphes, les ovaires sont au nombre de quatre au moins, de six, de huit au plus. La *Medusa aurita* en a quatre, la *Géryonia Hexaphylla* six, *l'Océanie bonet* huit.

Les Vers cestoïdes offrent un exemple remarquable de multiplication des parties génitales, les ovaires se répètent dans chacun des anneaux dont leur corps se compose, ces anneaux se détachent chez certains Tœnias, par exemple, avec les myriades d'œufs qu'ils renferment.

Certains animaux n'ont qu'un seul ovaire. De ce nombre sont les Polypes supérieurs, ou à deux ouvertures; les Ascidiens, un grand nombre de Mollusques; les *scyllium*, *carcharias* et *mustelus*, parmi les Squales; certains Poissons osseux, d'après Rathke; la plupart des Oiseaux, quelques Rapaces exceptés.

CHAPITRE II.

—

PREMIÈRES MODIFICATIONS DE LA MATIÈRE ORGANIQUE.

Tout le monde connaît la célèbre expérience par laquelle Duhamel, après avoir incliné la tête d'un jeune arbre vers le sol, enfonça l'extrémité de ses branches dans la terre, retourna ensuite le tronc de manière à étaler les racines à l'extérieur et vit ces mêmes racines, devenues aériennes, produire des branches, pendant que les anciennes branches, devenues terrestres, poussaient des racines.

Cette expérience, dont une foule de faits connus des agriculteurs permettaient de prévoir les résultats, puisqu'on savait d'avance qu'une racine mise à nu par une inégalité de terrain pouvait produire un surgeon, et qu'une tige incisée développait une racine, pourvu que sa blessure, mise à l'abri de la lumière, fût entourée d'une terre humide; cette expérience, dis-je, fournit une preuve si décisive de l'identité des racines et des tiges, que les objections dont elle fut d'abord poursuivie n'ont pas empêché de prévaloir la pensée féconde qu'elle révèle, ni arrêté le progrès de la révolution que le développement de ses conséquences introduisit dans la science de l'organisation.

Aussi, dès que la démonstration de cette identité parut acquise, et que, sous l'influence de cette conviction, les naturalistes cherchèrent l'explication d'un si remarquable phénomène, on vit la science prendre un nouvel essor, et tous les faits qui forment aujourd'hui la base de la Phytogénie sortir des tentatives que l'on fit pour la solution de cet intéressant problème. Comment pouvait-il se faire, en effet, que la même partie d'un végétal fût susceptible de produire, au gré des circonstances extérieures, des organes aussi différents que devaient le paraître alors une racine, une tige, un bourgeon, une feuille, une fleur? Quelle pouvait être la raison anatomique à laquelle se rattachait la possibilité d'une métamorphose si variée? Telle fut pensée qui préoccupa les observateurs, et dirigea leurs recherches dans la voie nouvelle qui s'ouvrit devant eux.

Le succès ne tarda pas à couronner leurs efforts, et leurs premiers travaux, en dévoilant la véritable structure des plantes, les conduisirent à ce résultat important, qu'un végétal, quelle que soit la complication de ses organes, n'est au fond qu'un être collectif composé d'un assemblage de vésicules, d'utricules ou de cellules qui sont autant d'individus vivants, originairement identiques, jouissant de la faculté de croître, de se multiplier et pouvant, au besoin, reproduire la plante dont ils sont les matériaux constituants. Si ces vésicules, ces utricules ou ces cellules ne sont provoquées à aucun développement ultérieur, elles continuent tout simplement à faire partie du tissu de la plante qu'elles forment, ou bien elles peuvent être résorbées pour servir à la nutrition de celles qui, plus heureusement placées, sont appelées à de nouvelles transformations. Mais si, au contraire, l'influence de circonstances plus favorables se fait sentir, on voit leur aptitude originelle s'éveiller et se traduire en acte sous les formes les plus diverses, sans jamais sortir cependant des limites infranchissables de l'espèce à laquelle elles appartiennent.

L'identité originelle des cellules végétales et le pouvoir qu'on leur attribue de se transformer d'une manière si variée, n'est point une hypothèse créée pour les besoins de la théorie, c'est un fait que l'expérience consacre et que l'on peut reproduire à volonté (1). Mais ce n'est pas ici le lieu

(1) En 1827, M. Poiteau, ayant soumis à l'action de la presse un certain nombre de feuilles *d'Ornithogallum tyrsoïdes* qu'il avait préalablement placées entre deux papiers, afin de les sécher pour son herbier, les trouva, au bout de vingt-cinq ou trente jours, lorsqu'il voulut les exposer à l'air, couvertes d'une multitude de petits corps blanchâtres qui s'y étaient développés. Ces corps, examinés avec soin par M. Turpin, (*Mém. du Mus. d'Hist. Nat* 9me année 1828, T. 16, p. 157 et suiv.,) furent reconnus pour des Embryons bulbilles, qui, après avoir pris naissance sous l'épiderme de la feuille, l'avaient ensuite crevé pour se faire jour à l'extérieur. Leur structure ne différait en rien de celle d'un Embryon monocotylédon, et ils se composaient, en conséquence, d'une tige ascendante, terminée par plusieurs rudiments de feuilles alternes, engaînantes. Quelques-uns d'entre eux ayant été détachés de la feuille qui les portait et placés sur un terreau de bruyère, ne tardèrent pas à se fixer au sol en poussant des radicules, et à devenir des plantes tout à fait semblables à celle dont ils provenaient.

En étudiant ceux de ces Embryons qui étaient plus ou moins profondément cachés dans le tissu des feuilles, on trouva qu'il y en avait de beaucoup moins développés les uns que les autres, en sorte qu'il devint possible de remonter, par des nuances insensibles, jusqu'à la première origine de leur formation. Les recherches que l'on fit dans ce but eurent pour conséquence de montrer que chacun d'eux n'était autre chose que le résultat d'une modification spéciale de l'une

d'étudier le mécanisme à la faveur duquel de semblables métamorphoses peuvent s'accomplir, il nous suffit de savoir,

des utricules du tissu cellulaire de la feuille; car parmi ces utricules il en existait dont le changement était si peu prononcé, qu'elles conservaient encore, malgré le commencement de développement dont, par accident, elles étaient devenues le siége, une telle similitude avec celles qui n'avaient éprouvé aucune transformation, qu'il était impossible de se refuser à l'évidence.

Ces faits, et une foule d'autres qu'on a pu provoquer à volonté, en plaçant des feuilles, et notamment celle du *Rochea coccinea* dans les mêmes circonstances que celles de l'*Ornithogallum tyrsoïdes* dont il a été question tout à l'heure, démontrent donc que non-seulement chacune des utricules qui composent le tissu d'une plante doit être considérée comme un individu distinct, mais que cet individu est doué d'*une aptitude originelle* qui le rend susceptible de reproduire l'*espèce* dont il est une partie intégrante. Seulement, pour que cette aptitude puisse se traduire en acte, il faut que la stimulation, produite par les agents extérieurs ou par une abondante nutrition, soit assez active pour la mettre en jeu, et suffire à toutes ses exigences.

Or, si telle est la constitution organique et fondamentale d'un végétal, que son *individualité composée* se trouve le résultat de l'assemblage d'une multitude d'individualités simples, utriculaires, d'une nature originellement identique, possédant toutes originairement la faculté de se développer de la même manière dans des circonstances semblables, il est impossible, lorsqu'on distingue ce végétal en sa moitié radiculaire et en sa moitié aérienne, de ne pas admettre que ces deux moitiés ne présentent d'autres dissemblances que celles que la différence des milieux détermine; car, dans l'expérience du retournement des arbres, ce sont ces individus utriculaires qui produisent indistinctement des racines ou des bourgeons, suivant qu'on les place dans la terre ou dans l'air. On a eu recours, il est vrai, pour expliquer cette propriété qu'ont les plantes de pousser des bourgeons ou des racines par tous les points de leur surface, on a eu recours à l'hypothèse de l'existence de bourgeons ou de germes latents; mais, dans cette manière de voir, il faudrait alors restreindre la faculté reproductive à un nombre déterminé de bourgeons latents, préexistants, et possédant seuls le privilége de se transformer en bourgeons visibles; bourgeons, dont les germes latents seraient l'image microscopique, si l'on peut ainsi dire. Or, non-seulement aucun fait ne en ce moment, que le tissu végétal est exclusivement composé de cellules, pour comprendre comment les physiologistes, entraînés par l'analogie, furent nécessairement conduits, quand l'observation directe les eût mis en possession de ce fait, à rechercher si l'organisation animale ne se trouvait pas dans les mêmes conditions de structure.

Ici, le problème était beaucoup moins facile à résoudre, car les organes des animaux peuvent atteindre à un si haut degré de complication, qu'il devient impossible d'en pénétrer la structure lorsqu'on les observe chez l'adulte. Mais si on prend la précaution d'étudier les tissus dans le sein même du germe, et au moment de leur origine première, alors on peut clairement reconnaître que leur trame est, comme celle des végétaux, presque exclusivement composée de cellules d'autant plus faciles à reconnaître que le développement en a moins dissimulé la forme.

démontre l'existence de ces germes latents, mais la possibilité de multiplier à l'infini l'apparition de bourgeons ou de racines sur un point quelconque de certaines plantes, devrait faire supposer, si les observations que nous avons invoquées n'en donnaient la preuve matérielle, que cette faculté reproductive est inhérente à tous les éléments simples ou utriculaires des tissus. Si, par germe latent, on exprime autre chose qu'une prédisposition de toutes les utricules, on ne donne pas une idée suffisamment exacte de ce qui est en réalité; mais si l'on étend le sens de ces mots à la signification d'une aptitude générale qu'aucune forme ne traduit encore en acte, on peut parfaitement bien les conserver dans la science.

Ainsi donc l'identité des racines et des tiges est un fait que le retournement des arbres démontre par expérience, et que l'organogénie végétale permet de concevoir d'une manière parfaitement satisfaisante. Il n'y a donc, entre ces deux organes, que les différences suscitées par l'action des milieux, comme, du reste, l'analogie de leur structure anatomique en est encore une preuve bien manifeste.

Or, du moment où il était démontré que la cellule constitue la base de tous les tissus organiques, qu'elle en est, si l'on peut ainsi dire, la molécule intégrante, on ne pouvait manquer d'attacher le plus grand prix à découvrir le mécanisme de sa formation. C'était là, en effet, l'un des plus curieux et des plus secrets phénomènes que l'observation directe pût dérober à la nature; car, par cette nouvelle conquête, la science reculait les limites de son domaine jusqu'au point de surprendre la matière vivante, mais encore diffuse, commençant à s'individualiser sous l'une des formes les plus simples que l'organisation puisse revêtir, c'est-à-dire sous celle de vésicule, d'utricule ou de cellule.

C'est à M. de Mirbel (1) qu'appartient l'honneur de l'initiative. Ce physiologiste a le premier recherché comment la cellule procède du *cambium* et forme ses parois aux dépens de ce mucilage. Il existe, en effet, dans les grands interstices que les utricules végétales laissent entre elles, ou même dans la cavité de ces utricules, une matière mucilagineuse comparable à la gomme arabique, au sein de laquelle les instruments les plus perfectionnés ne peuvent faire reconnaître aucune trace visible d'organisation, mais qui devient l'élément générateur de toute forme organique. Cette matière diffuse, que Grew découvrit il y a plus de cent cinquante ans et dont il devina la destination, a été suivie par M. de Mirbel dans les principales modifications qu'elle subit chez certains végétaux, et voici

(1) *Annales du Mus. d'Hist. Nat.*, Tom. I, p. 55.

par quelle succession de phénomènes il l'a vue passer pour réaliser les cellules dont ces végétaux se composent.

Sur une série de coupes pratiquées à l'extrémité d'une racine de Dattier (1), et par conséquent sur le point de cette racine où le *cambium* est en voie d'élaboration croissante, il a vu se manifester, au sein de la substance mucilagineuse, une multitude de masses irrégulièrement sphéroïdales, homogènes, résultat évident d'une concentration du mucilage qui, dans chaque masse condensée, montre déjà les rudiments d'une organisation prochaine. Bientôt, en effet, au centre de chaque masse, une cavité se creuse et grandit peu à peu, en refoulant autour d'elle la matière qui lui sert de limite. Cette matière ainsi refoulée, amincie en membrane par la dilatation de la cavité centrale, finit par représenter une sphère creuse qui n'est autre chose qu'une vésicule moulée sur la cavité qu'elle circonscrit. C'est ainsi que, par une sorte de condensation excentrique du *cambium* mucilagineux, les parois des cellules végétales se constitueraient, et que la matière amorphe passerait, sous l'œil de l'observateur, de l'état de diffusion à la vie active, et deviendrait susceptible de prendre une plus ou moins grande part à l'organisation des plantes. Mais ce mode de formation de la paroi des cellules n'étant pas le seul qui se soit offert à l'observation de M. de Mirbel, ce physiologiste a été conduit à admettre que, chez les végétaux, la nature pouvait atteindre le but par des procédés différents.

Cependant, cette manière de voir et de juger les phéno-

(1) Mirbel, *Archiv. du Mus. d'Hist. Nat.*, 1839-40, Tom. I, p. 305.

mènes dont le *cambium* est le siége, ne tarda pas à se trouver en présence d'un système diamétralement opposé, dont la formule exclusive n'admit pas même la possibilité d'une exception. Ce système, imaginé par M. Schleiden (1) pour expliquer la formation du tissu végétal, appliqué par M. Schwann (2) à l'organisation des animaux, n'est au fond, comme nous allons le voir, qu'une généralisation à priori de la théorie de M. Baer (3) sur le développement de l'œuf dans l'ovaire, théorie à laquelle on a malheureusement fait perdre une grande partie de sa valeur par des additions qui en affaiblissent l'importance, ou la font même descendre au rang des plus rares exceptions.

M. Baer, après avoir reconnu que la vésicule germinative était, de toutes les parties dont l'œuf de l'oiseau se compose, celle qui, dès l'origine, avait un développement proportionnel plus considérable, supposa qu'elle était née la première, et la considéra comme un centre autour duquel venaient se déposer le vitellus d'abord, et puis ensuite la membrane vitelline qui, à son tour, se coagulait à la périphérie du jaune pour compléter l'œuf ovarien, et renfermer ses éléments dans une membrane enveloppante. Cet emboîtement successif de parties concentriques, mécaniquement surajoutées les unes autour des autres, de façon à ce que les plus extérieures soient les plus récentes, ayant paru à MM. Schleiden et à Schwann le moyen le plus simple de concevoir

(1) *Ueber Phytogenesis;* Archives de Müller, 1838, p. 137.

(2) *Microscopiche Untersuchungen über die Uebereinstimmung in der Structur der Pflanzen und der Thiere.* Berlin, 1839.

(3) Baer, *Lettre sur la formation de l'Œuf*, 1827; publiée par M. Breschet. Paris, 1839.

la formation des parois vésiculaires, ces naturalistes en ont constitué une théorie générale du développement de la cellule, et, pour eux, l'énoncé du fait spécial, modifié comme nous allons le dire, est devenu la formule d'un principe universel.

En conséquence, ils ont admis qu'au sein de la substance homogène, diffuse et sans structure, le *cystoblastème*, il se formait, à la faveur d'une concentration de cette substance, des corpuscules d'une petitesse telle, que les plus forts grossissements ne permettent pas toujours d'en découvrir l'existence. Ces corpuscules, désignés sous le nom de *nucléolules*, sont autant de centres autour de chacun desquels il se dépose une couche de matière finement granulée, qui n'est point d'abord nettement limitée à la périphérie, mais qui finit par se dessiner d'une manière plus correcte, et par former des agglomérations de substance plus ou moins régulièrement sphéroïdales, elliptiques ou lenticulaires.

Chacune de ces petites accumulations de matière amorphe autour d'un ou même de plusieurs *nucléolules* qu'elles englobent, prend le nom de *cystoblaste* ou de *noyau*, et constitue la seconde phase du travail organisateur qui, dans cette théorie, prépare l'avénement de la paroi cellulaire, dont tous les phénomènes antérieurs sont les précurseurs indispensables.

Enfin, quand le *cystoblaste* ou le noyau s'est constitué autour du *nucléolule*, et que la masse totale que leur assemblage représente a pris un certain volume, il se dépose à sa périphérie une nouvelle couche de substance dont les fragiles contours, vaguement définis d'abord, ne tardent pas à se consolider et à s'affermir par l'addition de nouvelles molécules. Cette couche, plus ou moins mince, plus ou moins transparente, tantôt homogène, tantôt granuleuse, n'est autre chose que la paroi cellulaire qui se développe à la surface du *cystoblaste*, comme autour d'une charpente provisoire dont la présence devient inutile dès que l'édifice qu'elle soutient est achevé.

Mais, en se déposant autour du *cystoblaste* ou du noyau, la nouvelle cellule ne renferme pas, comme on devrait s'y attendre, ce même *cystoblaste* dans le centre de la cavité qu'elle va circonscrire; elle le saisit, au contraire, entre les molécules qui vont former sa paroi naissante, le garde enchâssé parmi ces molécules, et en fait une partie intégrante de la membrane pariétale. Cette incorporation rend la paroi cellulaire beaucoup plus épaisse dans la partie qu'occupe le *cystoblaste* que dans tout le reste de son étendue, et c'est pour exprimer les apparences produites par cette inégalité d'épaisseur, que l'on a été, sans doute, conduit à dire que la nouvelle cellule offrait l'image d'un verre de montre appliqué sur son cadran. Le verre de montre représente, dans cette comparaison, la portion mince et diaphane de la paroi, le cadran correspond à celle que la présence du noyau rend plus épaisse, et l'espace compris entre ces deux parties, qu'il faut supposer continues, est destiné à donner une idée de la cavité cellulaire naissante.

Lorsque la nouvelle cellule a pris une suffisante solidité, la persistance d'une charpente intérieure n'étant plus nécessaire pour en soutenir les parois affermies, le *cystoblaste* ou le noyau, enclavé dans un point de l'épaisseur de la membrane pariétale, n'a plus désormais aucun rôle à remplir, et il doit, par cela même, s'atrophier et disparaître. Puis, à mesure que la cellule grandit, un liquide particulier s'introduit dans sa cavité et la remplit tout entière. Ce liquide, au sein duquel peuvent naître des granulations plus ou moins abondantes, constitue le contenu cellulaire proprement dit; mais ce contenu cellulaire n'a rien de commun avec le *cystoblaste* ou le noyau, et ne saurait, dans aucun cas, être appelé à remplir la fonction génératrice que la théorie attribue à ce même noyau puisque, d'après cette théorie, l'apparition du contenu cellulaire serait toujours postérieure à la réalisation de la membrane pariétale. Or, nous montrerons que, contrairement à cette manière de voir, le contenu cellulaire a, dans un très-grand nombre de cas, une influence directe, et que c'est autour de lui-même, le plus souvent, que se développe la vésicule qui le renferme.

Enfin, lorsque les phases d'une première génération se sont accomplies, de nouvelles cellules peuvent se développer au sein du contenu cellulaire par le même mécanisme que les cellules mères se sont développées du *cystoblastème* primitif. C'est ainsi que, par une répétition sans cesse renouvelée du même phénomène, les tissus organiques, dans cette théorie, prépareraient les matériaux de leur accroissement et de leur multiplication.

Telle est la théorie, dépouillée du vague et des obscurités qui proviennent manifestement des incertitudes que le défaut d'observations précises laisse dans l'esprit de ses auteurs, telle est la théorie que l'on propose d'élever au rang d'un principe universel. Voyons jusqu'à quel point l'examen attentif des faits légitimera les prétentions d'une semblable doctrine.

Le caractère fondamental de cette doctrine consiste,

comme on vient de le voir, dans la succession des quatre périodes distinctes dont l'évolution de chaque cellule devrait toujours se composer :

La première est représentée par l'apparition du *nucléolule* qui est la base de l'édifice, et résulte lui-même d'une simple agglomération des molécules du *cystoblastème*;

La seconde correspond au dépôt et à la coagulation du *cystoblaste* autour du *nucléolule* considéré comme centre unique et exclusif de toute formation cellulaire;

La troisième, au dépôt et à la coagulation de la paroi cellulaire autour du *cystoblaste* qu'elle enclave dans un point de son épaisseur et sur un côté duquel elle semble appliquée d'abord, pour me servir d'une comparaison consacrée par la théorie, comme un verre de montre sur son cadran;

La quatrième est exprimée par la résorption du *cystoblaste* et par l'admission d'un contenu cellulaire qui, introduit après coup, n'a pu, par conséquent, prendre aucune part à la formation de la membrane pariétale.

Or, si tel est l'unique mécanisme à la faveur duquel toutes les cellules organiques doivent se développer; s'il est vrai que les quatre modifications fondamentales qui préparent l'avénement de leurs parois doivent toujours se produire dans l'ordre de succession que nous venons d'indiquer, il doit en résulter que, partout où des cellules seront en voie de formation, le *cystoblastème* devra présenter, dans les métamorphoses de sa substance, chacune des modifications matérielles qui constituent les termes de cette succession nécessaire. Il faudra donc, pour que la théorie puisse aspirer au rang d'une doctrine générale, il faudra, dis-je, que nous puissions toujours rencontrer, dans le mucilage qui s'organise, le *nucléolule* libre, le *nucléolule* englobé par le *cystoblaste*, le *cystoblaste* au moment où la paroi cellulaire se dépose à sa périphérie, et enfin le *cystoblaste*, enclavé dans l'épaisseur de la membrane pariétale, disparaissant à mesure que le contenu cellulaire s'introduit dans la cavité de cette dernière.

Mais lorsqu'on cherche les faits qui servent de base à une théorie si radicalement exclusive, on éprouve le double étonnement de ne rencontrer, dans les auteurs qui l'ont conçue, aucun exemple dont on ne puisse sérieusement contester la valeur, et de ne point trouver, dans la nature, ces preuves abondantes qui font prévaloir un système, ou laissent au moins subsister sa formule comme la plus fidèle expression de la plus nombreuse catégorie. Aussi, en examinant les preuves invoquées par M. Schwann à l'appui de cette hypothèse, on trouve qu'elles se réduisent, comme l'a fait remarquer M. Vogt (1), à une seule observation directe faite sur le cartilage, et encore cette observation, présentée par M. Schwann lui-même comme très-douteuse, a-t-elle été démontrée fausse par les recherches de M. Vogt sur le cartilage du Crapaud accoucheur.

Dans un très-grand nombre de cas, en effet, le *nucléolule*, auquel la théorie attribue le privilége exclusif de déterminer la matière amorphe à réaliser les parois cellulaires; dans un très-grand nombre de cas, dis-je, le *nucléolule* ne se montre jamais libre et isolé au sein du *cystoblastème*. On voit toujours, au contraire, que ce corpuscule, même dès les premiers moments de son apparition, se trouve déjà ren-

(1) *Embryologie des Salmones*, Neuchâtel, 1842, p. 271.

fermé dans la cavité d'une cellule préalablement accomplie, comme les tissus de l'Embryon de la plupart des Poissons osseux nous en offrent de fréquents exemples. Or, si la cellule préexiste, il est évident que, dans ces cas au moins, le *nucléolule* n'a pu prendre aucune part à sa formation, puisqu'il n'était point encore né lorsque cette dernière s'est produite. D'autres fois, ce corpuscule n'apparaît à aucune époque de la vie des cellules, et par conséquent alors, on ne saurait trouver aucun motif de le faire intervenir comme cause déterminante, puisqu'il ne laisse pas même à la théorie le prétexte d'une coexistence. C'est ce que l'on peut facilement vérifier en étudiant le développement des grandes cellules qui forment les parois de la vésicule ombilicale des Serpents.

Ainsi donc, l'apparition tardive du *nucléolule* dans certains cas, son absence totale dans d'autres, portent une grave atteinte à la théorie qui fait de la préexistence de ce corpuscule, la cause exclusivement déterminante de toute formation cellulaire. Elle frappe, par cela même, la doctrine jusques dans ses fondements, et tend au moins à en restreindre l'application.

Quant au *cystoblaste* ou noyau, M. Vogt a déjà montré qu'il n'a aucune influence sur la formation des parois cellulaires des Poissons osseux, et j'ai pu me convaincre qu'il n'apparaît dans la cavité des grandes cellules diaphanes de la corde dorsale des Batraciens, qu'après la réalisation de la membrane pariétale de ces vésicules.

Mais, dira-t-on, de ce que l'intervention du *nucléolule* ne serait pas toujours nécessaire pour la formation des cellules; de ce que le *cystoblaste* lui-même ne conserverait pas, dans un certain nombre de cas, la fonction que la théorie lui assigne, faudrait-il en conclure que jamais les cellules ne se développeraient autour d'un centre sur lequel viendraient, pour ainsi dire, se mouler leurs parois naissantes?

Nous aurons, sans aucun doute, de fréquentes occasions d'observer des masses limitées de matière, se recouvrant d'une enveloppe et devenant ainsi le contenu de la poche qui se produit à leur périphérie, mais nous ferons remarquer alors que, dans la plupart de ces circonstances, les choses se passent d'une manière fort différente de celle que la théorie suppose; car la matière qui aura servi de centre, au lieu d'être absorbée par la membrane pariétale, pour faire place à un contenu cellulaire introduit après coup, devient le contenu cellulaire lui-même, remplit la cavité de la nouvelle cellule, peut y être appelé à des fonctions diverses, prolongées, y vivre plus longtemps que la cellule elle-même, ou bien rester en réserve dans la cavité de cette dernière, pour servir aux besoins ultérieurs de la nutrition, ou à la génération de nouvelles cellules.

Telles sont les objections graves, nombreuses, décisives, qui s'élèvent contre une doctrine qu'il faut plutôt considérer comme une hardie création de l'esprit que comme l'expression mesurée d'une observation suffisante. Mais si, incertaines que soient les bases sur lesquelles cette doctrine repose, si peu durable que puisse être l'influence de sa célébrité passagère, elle n'aura pas moins rendu un service éminent à la science, puisqu'en définitive elle aura conçu *à priori* la possibilité du développement des cellules autour d'un centre et que son action aura été assez grande pour diriger les observateurs dans une voie féconde. Je vais, pour ma part, consigner ici le résultat des recherches que j'ai faites sur un sujet si controversé; recherches qui, depuis plusieurs années, ont déjà été plusieurs fois exposées dans l'enseignement dont je suis chargé au Collége de France.

SPHÈRES ORGANIQUES.

Les exemples les plus propres à fournir les moyens de résoudre le difficile problème de la formation des cellules, doivent naturellement se rencontrer là où la matière subit cette première élaboration qui prépare les matériaux du nouvel individu. C'est aussi dans les métamorphoses du vitellus qu'il faut aller chercher les bases d'une solution, et l'on y voit les faits se développer avec un tel caractère d'évidence, que chacun peut les vérifier à son tour. Mais, avant de montrer comment la matière amorphe parvient à revêtir la forme cellulaire, il y a un autre état de cette matière dont je vais rapidement tracer l'histoire et qui n'est pas moins important à connaître. Je veux parler de ce fractionnement progressif à la faveur duquel elle est employée à former des *sphères organiques* qu'il faudra considérer désormais comme des éléments spéciaux des tissus vivants. Nous allons donc étudier d'abord le mode de génération de ces sphères dans le vitellus des Mammifères, pour le suivre ensuite partout où il se présente.

Lorsque, chez les Mammifères, le fluide séminal est parvenu à travers la matrice jusques dans les trompes utérines pour envelopper l'œuf de ses molécules mouvantes, on voit, à mesure que ces molécules en pénétrent la substance, le vitellus subir les premières modifications qui vont amener l'organisation du germe. Il commence d'abord, en se concentrant sous un plus petit volume, par se limiter en un globe granuleux si régulièrement sphérique et si correctement dessiné, que tous les grains dont ce globe se compose, réunis ensemble au moyen d'un fluide visqueux, diaphane et gluant, paraissent maintenus, sous la forme générale que leur assemblage représente, par une fine couche du même fluide qui apparaît à la périphérie comme le simulacre d'une membrane enveloppante. Mais si, après s'être mis suffisamment en garde contre les illusions d'optique, on cherche à dégager la réalité des apparences qui la dissimulent, on ne tarde pas à reconnaître que cette membrane n'existe pas, et que les observateurs qui, comme M. Barry, en ont admis la présence, ne se sont pas livrés à un examen assez attentif. La cause de leur erreur provient manifestement ici de ce qu'ils ont pris pour une membrane enveloppante distincte la partie superficielle de la matière visqueuse qui tient les granulations mêlées à sa propre substance. Cette matière, en effet, n'est pas seulement logée dans les interstices des granulations qu'elle agglutine; elle les déborde si régulièrement, qu'elle semble, au premier abord, former à la périphérie du vitellus une paroi dont le contour paraît d'autant plus nettement accusé, que sa transparence contraste davantage avec l'opacité des granulations qu'elle limite. Mais c'est là, je le répète, une illusion qu'une analyse attentive corrige et j'ai, sur ce point, suffisamment répété mes observations pour avoir, à cet égard, une conviction motivée.

Le vitellus n'est donc point, comme on l'a supposé, une vésicule ou une cellule remplie de granules, mais tout simplement une sphère granuleuse, homogène, dont tous les grains sont maintenus agglutinés par une matière interstitielle diaphane, matière qui, en se rétractant, donne à la masse totale la régularité, en quelque sorte géométrique, qu'elle affecte.

Bientôt (quelques heures suffisent pour que ce phénomène s'accomplisse), la sphère vitelline primitive se partage en deux moitiés à peu près égales, et chacune de ces moitiés, immédiatement ramenée à la forme sphérique par la rétraction de la viscosité qui tient ses granulations coalisées, offre le même aspect et la même composition que le tout dont elle émane.

A peine cette première division est-elle accomplie, que déjà les deux sphères granuleuses secondaires qui résultent ainsi d'un premier fractionnement du vitellus deviennent, à leur tour, le siége d'une segmentation semblable, et le même travail se répétant pendant un certain temps sur chaque segment nouveau, il arrive que le vitellus finit par se résoudre en un nombre plus ou moins considérable de sphères granuleuses d'un volume progressivement décroissant, mais d'une nature toujours identique. Cependant M. Reichert (1), qui a fait des recherches spéciales sur la segmentation du vitellus des Batraciens, croit avoir observé que chaque segment est une véritable cellule possédant une membrane enveloppante et un contenu granuleux. Pour lui, le phénomène de la division du jaune aurait donc une signification tout à fait différente de celle que nous venons de lui donner, et ne serait, au fond, qu'une illusion produite par la mise en liberté de vésicules préexistantes em-

(1) Reichert, *Müller, Archiv.*, 1841 p. 523.

boîtées les unes dans les autres. Le vitellus, d'après sa manière de voir, représenterait d'abord une cellule mère dont la paroi, ultérieurement résorbée, mettrait à nu deux vésicules incluses qui formeraient son contenu; puis, ces deux vésicules, devenues libres, se dissoudraient à leur tour, et chacune d'elles laisserait échapper deux autres vésicules, ce qui produirait l'apparence d'une division du jaune en deux, en quatre segments, et ainsi de suite, jusqu'au moment où arriverait le terme de ce fractionnement illusoire; mais de ce que cette hypothèse semble donner l'explication d'un phénomène jusqu'alors peu compris, et corroborer la théorie de l'intervention exclusive des cellules pour la formation des tissus, il ne s'ensuit pas qu'il faille l'accepter sans examen, et par cela seul qu'elle se concilie avec un système accrédité. J'ai donc examiné la question avec tout le soin que son importance réclame, et, après les recherches les plus minutieuses, je me suis positivement assuré que les segments du vitellus, ou les sphères granuleuses, ne sont point de véritables cellules. MM. Barry et Bergmann se sont par conséquent trompés quand ils ont admis le contraire.

Lorsque la segmentation du vitellus est parvenue à son terme, il s'opère alors, dans chacune des sphères granuleuses qui résultent de cette segmentation, un travail qui va les convertir en véritables cellules. Mais avant de s'élever jusqu'à ce degré d'organisation, la matière vivante avait, comme on vient de le voir, revêtu des formes régulières, et acquis, dans chaque sphère vitelline, une activité génératrice qui devient une cause puissante de multiplication.

Il y a donc, entre l'état amorphe de cette matière et son

appel définitif à la réalisation des parois cellulaires, une forme organique distincte que l'on peut considérer comme un premier acte d'individualisation, comme une première manifestation de la vie. Ce premier acte, cette première manifestation ont pour but de constituer des sphères granuleuses, qui, sans être limitées par une membrane enveloppante, ont déjà cependant une existence propre, sont de véritables individus vivants, puisqu'elles jouissent de la faculté de se reproduire et qu'en se multipliant elles deviennent des éléments actifs de l'organisme, contribuent à la formation des tissus dont cet organisme se compose.

Je ne sais rien, pour ma part, de plus curieux à observer que ce dédoublement progressif des sphères vivantes reproduisant dans chaque segment secondaire l'image réduite, mais invariable, de la sphère vitelline primitive, et, à mesure qu'on assiste à la réalisation de ce remarquable phénomène, on est comme involontairement entraîné à chercher, dans le sein même de la substance qui se dédouble, une disposition matérielle qui puisse donner l'explication d'une métamorphose dont la raison ne peut évidemment se rencontrer ailleurs.

Un examen plus attentif ne tarde pas à montrer, en effet, qu'il existe, au milieu de chaque sphère vitelline, une globule diaphane, homogène, sur la nature duquel il est difficile d'avoir une opinion bien arrêtée, quoique cependant on puisse lui reconnaître une apparence muqueuse ou graisseuse. Sa forme, du reste, est celle d'une goutte d'huile. En voyant ce globe se manifester d'une manière si constante, on se demande si ce n'est pas à son influence qu'il faut attribuer la segmentation du vitellus. Mais, pour résoudre ce problème, il convient d'examiner ce qui se passe dans ce même vitellus au moment où il n'est point encore divisé, et où il se présente, par conséquent, sous la forme d'une sphère unique.

On reconnaît alors que le globe graisseux ou muqueux, caché au sein des granulations de la sphère vitelline primitive, y subit un étranglement qui le divise en deux segments globuleux distincts. Chacun de ces segments semble devenir un centre qui tend à s'envelopper d'une portion des granulations ambiantes, en les séparant de celles que son congénère entraîne. On dirait, en un mot, que la sphère vitelline, sollicitée à la fois par deux centres d'action, cède à chacun de ces centres la moitié de la substance dont elle se compose, et se divise, par cela même, en deux segments qui sont immédiatement ramenés à la forme sphérique; ensuite, chaque segment de la sphère vitelline se trouvant muni du globule oléagineux qui a provoqué sa séparation, devient, à son tour, le siége d'un semblable travail, et la division de son globe central amène celle de la sphère secondaire qui le contient. Ainsi se poursuit le phénomène de la multiplication des sphères vitellines; mais ce phénomène, que nous venons de considérer comme le résultat d'une double influence simultanément exercée sur chacun des segments du vitellus par la division du globe graisseux qui en occupe le centre, ce phénomène, dis-je, semble remonter à une cause plus profonde encore, et n'être, pour ainsi dire, que la répétition extérieure et consécutive d'un travail plus intime et préalablement accompli.

En effet, chaque globe graisseux central porte lui-même, dans son sein, un globule générateur beaucoup plus petit, et qui paraît jouer, par rapport au globule graisseux, le même rôle que ce globule graisseux remplit à l'égard des sphères vitellines dont il s'enveloppe. En sorte que, si l'on envisage l'ensemble des faits que le vitellus présente pendant les transformations que nous venons de décrire, on trouve que les éléments auxquels ses métamorphoses donnent naissance dérivent les uns des autres en série continue, et sont le résultat d'un triple enveloppement. Cet enveloppement commencerait par l'apparition d'un globule primordial au sein des sphères vitellines ; puis, ce globule deviendrait un centre autour duquel se condenserait le globe graisseux ; ce dernier se décomposerait ensuite en deux fragments distincts, et ces fragments, en s'enveloppant de la matière vitelline, engendreraient les sphères granuleuses dont j'ai décrit tout à l'heure le mode de multiplication.

La formation des sphères organiques et leur multiplication par segmentation est un fait trop général pour ne pas mériter toute l'attention des physiologistes. On l'observe dans le vitellus des Mammifères, des Batraciens, des Poissons osseux, des Mollusques, des Insectes, des Vers, etc. La réalisation si fréquente de ces formes particulières de la matière prouve que, contrairement à l'opinion de MM. Schleiden et Schwann, les corps organisés ne sont pas exclusivement composés de cellules, mais que d'autres éléments peuvent aussi entrer dans la composition de leurs tissus, et qu'au nombre de ces éléments les sphères organiques doivent être comptées. Il ne faut pas se dissimuler cependant que la cause à laquelle nous attribuons la faculté de provoquer la division des sphères organiques, ne nous est point révélée par des preuves directes qui peuvent seules en démontrer la réalité.

Nous n'avons d'autre motif pour adopter cette explication que le fait à peu près constant de la segmentation préalable, ou tout au moins simultanée, du globe central, et, de cette segmentation préalable, nous tirons la conclusion qu'il peut y avoir une réaction du corpuscule intérieur qui se divise, sur la matière granuleuse enveloppante et dont la substance subit, sous cette influence, un fractionnement analogue. Mais ce n'est là, je le répète, qu'une simple présomption, et il pourrait bien se faire que chaque partie se divisât par une force qui lui serait propre, et dont l'action indépendante s'exercerait toujours de manière que le segment du globe intérieur fût englobé par celui de la sphère granuleuse qui lui correspond. Ce qui tendrait à faire supposer qu'il n'y a dans l'accomplissement de ces phénomènes d'autre rapport que celui d'une simple coïncidence, c'est qu'il m'a été impossible jusqu'ici de découvrir dans les sphères granuleuses qui résultent de la segmentation du vitellus des Poissons osseux, la plus légère trace de noyau; et cependant la segmentation n'y est ni moins régulière, ni moins complète. Or, si l'on parvenait à démontrer d'une manière irrécusable qu'en l'absence de ce noyau provocateur, les sphères granuleuses de l'œuf de ces animaux deviennent, en vertu d'une force qui leur est propre, le siége d'un phénomène tout à fait identique, il n'y aurait pas de raison pour que dans les autres classes de la série, la segmentation dût être attribuée à une division préalable du noyau. On peut aussi, en se plaçant à un autre point de vue, se demander si cette segmentation, au lieu de procéder de l'intérieur à l'extérieur, comme nous l'avons d'abord admis, ne s'exercerait pas au contraire dans le sens inverse, et si ce ne serait pas la cause provocatrice de la division des sphères elles-mêmes, qui irait retentir sur le noyau qu'elles cachent dans leur sein : ce sont là des problèmes que l'on peut bien proposer à la sagacité des physiologistes, mais dont l'expérience donnera difficilement la solution. C'est au reste une question sur laquelle je serai naturellement ramené lorsque, dans le cours de cet ouvrage, je décrirai les modifications que l'influence de la conception introduit dans l'œuf.

FORMATION DES CELLULES.

Je viens de faire connaître le curieux mécanisme à l'aide duquel le vitellus d'un grand nombre d'espèces se convertit, par une segmentation progressive, en sphères granuleuses, et je crois avoir clairement établi que ces sphères granuleuses ne peuvent être considérées comme de véritables cellules, parce que, dans ma manière de voir, elles ne sont pas pourvues d'une membrane enveloppante. Mais quand la division est parvenue à son terme, toutes les sphères qui résultent de ce fractionnement extrême, finissent par se convertir en cellules définitives. Il suffit pour cela que la matière visqueuse de la périphérie de chacune d'elles se condense davantage, accuse plus fermement la netteté de son contour, se distingue visiblement de la masse homogène qu'elle n'a cessé de limiter et avec laquelle elle était antérieurement confondue. Mais ce travail n'exige l'intervention d'aucun élément nouveau, car chaque sphère granuleuse possède d'avance tous les matériaux nécessaires pour la construction d'une cellule. Il n'exige pas même un déplacement de molécules; car tous les éléments occupent dès les premiers moments la position respective qu'ils doivent conserver.

En un mot, les cellules définitives ne sont, au fond, que la coagulation périphérique des sphères granuleuses, ou, si l'on peut ainsi parler, des cellules ébauchées par les dernières segmentations du vitellus. Il s'agit donc ici d'un acte accompli sur des éléments contemporains et simultanément coordonnés.

Il résulte de là que toutes les sphères granuleuses, sur chacune desquelles s'établit le travail de séparation destiné à différencier la périphérie de la portion centrale, se trouvent, par cela même, converties en cellules dont cette portion centrale devient le contenu, pendant que la surface coagulée en constitue la membrane enveloppante. Or, le contenu cellulaire étant ici lui-même le centre autour duquel la membrane pariétale s'est formée, ne saurait être assimilé au *nucléole* ni au *noyau* imaginé par M. Schleiden, puisque le noyau, tel que cet anatomiste le conçoit, doit toujours être un corpuscule transitoire, et essentiellement différent du contenu cellulaire proprement dit. Aussi, ne trouve-t-on jamais, dans le cas dont il s'agit, une disposition qui puisse donner l'idée d'un noyau enclavé dans l'épaisseur de la paroi cellulaire, comme le veut M. Schleiden, ni appliqué contre la face interne de cette paroi où, comme M. Schwann le suppose, l'inutilité de son existence, désormais sans objet, favoriserait le progrès de son rapide évanouissement.

Ainsi donc, en résumé, la formation de la paroi cellulaire n'étant point ici le résultat d'un dépôt spécial et distinct de molécules surajoutées, mais la simple coagulation périphérique des sphères granuleuses; le contenu cellulaire ne se trouvant également pas constitué par un fluide nouveau, introduit après l'évanouissement supposé d'un *cystoblaste* transitoire, mais étant tout simplement la portion centrale de ces mêmes sphères granuleuses dont la surface s'est convertie en membrane pariétale, nous sommes, par cela même, autorisés à dire que la théorie de MM. Schleiden et Schwann a été conçue en dehors de l'examen de ces faits, quoiqu'elle éveille cependant, comme ces faits eux-mêmes, l'idée de la possibilité du développement autour d'un centre.

Le mode de génération cellulaire, que je viens de signaler, n'est pas seulement important à connaître à cause de sa fréquence, mais aussi parce qu'il peut se réaliser sans qu'il soit nécessaire que les agglomérations de matière, autour desquelles des membranes enveloppantes se produisent, soient, comme les sphères granuleuses, le résultat d'un triple enveloppement. Il peut arriver, en effet, que des molécules organiques ou des globules de diverse nature, sans y être provoqués par l'intervention d'un *nucléole* qui, dans les cas dont je vais parler, n'existe évidemment pas, s'agglomèrent et se limitent en masses sphéroïdales qui ne sont pas moins susceptibles de se convertir en cellules. C'est ainsi que l'on voit une vésicule, par exemple, devenir elle-même un centre qui s'entoure d'une certaine quantité de molécules dont l'assemblage se recouvre d'une membrane pariétale, comme on en trouve des exemples dans le vitellus des Batraciens, peu de temps après la fécondation. Alors, en effet, ce vitellus se convertit en une multitude de globes granuleux portant tous une vésicule diaphane, bien caractérisée, au sein de la substance dont ils sont formés. Aucun de ces globes ne possède d'abord de membrane enveloppante; mais on les voit successivement s'en revêtir, et, soit que cette membrane doive être attribuée à un dépôt spécial de molécules surajoutées, soit qu'il faille la considérer comme le résultat de la coagulation périphérique d'une matière préexistante, l'accomplissement des cellules n'en est pas moins assuré.

Des observations récentes conduiraient encore à faire admettre que des cellules se développent d'une manière bien plus simple encore, et en l'absence même de la vésicule qui, dans le cas précédent, est devenue un centre d'enveloppement. Il se ferait, en effet, que des molécules organiques spontanément groupées, s'entourent directement d'une enveloppe. C'est un fait que M. Lebert (1) dit avoir observé dans la cicatricule des Oiseaux dès les premières heures de l'incubation. Il aurait vu les granules moléculaires, ou les globules graisseux qui entrent dans la composition de cette cicatricule, se réunir par groupes réguliers, et chacun de ces groupes se revêtir d'une paroi. Mais ce mode de développement de la cellule, dont on conçoit jusqu'à un certain point la possibilité, n'a certainement pas lieu là où M. Lebert dit l'avoir observé. C'est ce que je montrerai bientôt.

Quoiqu'il en soit, voilà deux catégories bien dictinctes dans lesquelles le développement des cellules s'accomplit d'une manière différente, quoique cependant le phénomène se réalise toujours autour d'un centre, et que, sous ce rapport, ces deux catégories ne constituent au fond que deux variétés d'un même mode de génération. Mais les différences qui caractérisent ces variétés, si légères qu'on les suppose, n'en sont pas moins suffisantes pour démontrer l'impossibilité d'assujettir le développement de toutes les cellules aux règles absolues d'un mécanisme partout identique. On ne peut

(1) *Annal. des Sc. Nat.*; mai 1844, p. 272.

cependant, je le répète, s'empêcher de reconnaître qu'au milieu de toutes ces variétés, il y a une concordance fondamentale, qui se résume dans le fait commun du développement autour d'un centre.

Mais si, après avoir constaté ces faits, on allait, cédant à un esprit de généralisation prématurée, supposer que les choses doivent se passer toujours d'une manière rigoureusement conforme aux types que nous venons de signaler, il ne faudrait pas élargir beaucoup le champ de l'observation pour se convaincre que la nature ne saurait se prêter aux exigences d'une théorie exclusive. Il suffirait pour cela de remonter à l'origine du vitellus des Oiseaux dans l'ovaire. On y verrait que les globules gélatiniformes dont ce vitellus se compose dès les premiers moments de son existence, y subissent les modifications suivantes : leur substance intérieure se liquéfie pendant que la surface conserve sa solidité primitive. Chacun d'eux se trouve ainsi converti en une vessie transparente qui renferme un fluide limpide, au sein duquel naît un noyau dont nous n'avons pas encore besoin de nous occuper; d'autrefois c'est la surface du globule qui se soulève en membrane enveloppante, et qui constitue ainsi une vésicule qui a pour noyau le globule lui-même. Il ne s'agit donc pas ici, pour la réalisation des cellules, du développement ou du dépôt d'une membrane pariétale autour d'un centre, mais tantôt d'une cavité creusée au sein d'une globule originairement homogène, et tantôt d'nne membrane contemporaine du noyau, à la surface duquel elle s'est soulevée. On ne saurait, par conséquent, choisir d'exemple plus propre à démontrer l'impossibilité de ramener tous les faits à une règle commune, puisque nous voyons ici le même but atteint par un mécanisme diamétralement opposé à celui qui, dans les cas précédents, a servi à l'obtenir.

Voilà donc deux nouvelles catégories de formation qui ne sauraient se concilier avec l'idée d'un type exclusif et partout uniforme. Mais ces catégories ne sont pas les seules que l'on puisse ajouter à celles que nous avons déjà signalées. Il en existe encore une autre qui est caractérisée par un mécanisme essentiellement différent, et qui consiste dans la division ou la scission des cellules préexistantes. Ce mode particulier de multiplication, qui s'exerce d'une manière si abondante chez les végétaux, tels que les Nostocs, les Conferves en général, et les Champignons inférieurs, est aussi un des moyens de propagation des cellules des animaux. J'ai eu l'occasion d'en observer des exemples dans l'œuf de la Grenouille pendant les premiers temps du développement de l'Embryon. J'y ai vu les grandes cellules du jaune présenter à leur surface un sillon méridien exprimant l'existence d'une cloison intérieure qui les divise en deux compartiments. Ces deux compartiments se séparent ensuite et leur disjonction devient un moyen de multiplication des cellules ou des vésicules. C'est à ce mode de génération cellulaire que le blastoderme des Mammifères est redevable de son premier accroissement, et j'ai vu le même fait se reproduire sur la vésicule ombilicale de tous les Mollusques gastéropodes qu'il m'a été possible d'observer.

Enfin, et pour terminer ce que j'ai à dire sur le sujet dont je m'occupe ici, il me reste encore à parler d'un autre mode de génération cellulaire, qui consiste dans une espèce de bourgeonnement ou de gemmation. J'en ai vu de nombreux exemples sur la face interne de la vésicule ombilicale des

Reptiles sauriens, et, parmi ces derniers, plus particulièrement chez les Lézards. Il se manifeste, à une époque un peu avancée du développement de ces animaux, des plis plus ou moins saillants qui donnent à la face interne de leur vésicule ombilicale toutes les apparences d'une muqueuse intestinale. Si l'on examine alors, même à l'aide d'assez faibles grossissements, la véritable structure de ces plis ou de ces lamelles, on trouve qu'ils sont hérissés d'une multitude de villosités absorbantes, sur chacune desquelles se forme une quantité prodigieuse de grains sphériques très-volumineux, disposés en grappes ou en chapelets. Ces grains, qui ne sont autre chose que de véritables cellules, naissent par une simple gemmation, soit des parois même de la vésicule ombilicale, soit des villosités de sa face interne, ou bien encore ils émanent les uns des autres comme les tubercules d'une pomme de terre, et finissent par ne plus tenir aux parties dont ils proviennent que par des pédicules quelquefois si déliés que le plus léger effort suffit pour les détacher.

En bourgeonnant ainsi à la face interne de la vésicule ombilicale, ces cellules se propagent en telle abondance, qu'elles forment une forêt de grappes flottantes, destinées à multiplier les surfaces pour favoriser la résorption du vitellus; et puis, quand ce vitellus a complétement disparu, le contenu de chacune d'elles passe successivement dans les vaisseaux omphalo-mésentériques et vient, à son tour, servir à la nutrition du fœtus. Elles sont donc, à la fois, des instruments d'absorption et des réservoirs de nourriture.

Quoiqu'il en soit des fonctions de ces cellules et de leur contenu, toujours est-il qu'elles se développent par une véritable gemmation. C'est là, par conséquent, un des procédés à l'aide desquels la matière organique accroît les matériaux dont elle se compose. Or, si aux divers modes de génération cellulaire que nous avons déjà signalés on ajoute celui dont je viens de parler, nous trouvons que cette génération, au lieu de s'accomplir par un mécanisme uniforme et partout identique, peut se réaliser au contraire par des procédés biens différents. Ces procédés, quoique très-nombreux, se réduisent à quatre principaux dont tous les autres ne sont au fond que des variétés :

1° Il peut se former des cellules autour de certains centres par confluence ou par coagulation périphérique; mais la matière qui sert de centre peut varier d'une manière notable, soit dans le nombre des actes qui en déterminent la limite et en arrêtent la forme, soit dans la nature des éléments dont elle se compose.

2° Des cellules peuvent se creuser au sein de la matière vivante et s'y réaliser par un mécanisme diamétralement opposé à celui à la faveur duquel le même résultat se produit autour d'un centre.

3° Les cellules peuvent se multiplier par la division, la scission, le cloisonnement des parois de celles qui sont déjà formées et qui deviennent ainsi susceptibles de se dédoubler dans des sens divers;

4° Des cellules peuvent se développer par bourgeonnement, et pousser, sur les parois des cellules mères, comme de véritables gemmes.

Tels sont les divers modes de génération cellulaire, et, chose remarquable, lorsqu'on les compare aux moyens de reproduction des organismes adultes, on reconnaît que la matière vivante, considérée au point de vue des premières modifications dont elle est susceptible, présente, en définitive, les trois formes caractéristiques de multiplication de ces mêmes organismes.

Nous trouvons, en effet, dans la formation des cellules autour d'un centre, ou dans leur réalisation par une simple modification d'un globule primitif, un mode de génération qui correspond à l'oviparité; leur division ou leur segmentation devient l'image de la scissiparité, et le bourgeonnement celle de la gemmiparité. C'est donc avec raison que l'on considère les cellules comme de véritables individus vivants, puisque, comme l'individu, elles jouissent de la faculté de se reproduire.

Tels sont les divers procédés à l'aide desquels la matière amorphe se convertit en cellules ou vésicules. Nous chercherons à constater, dans les chapitres suivants, comment cette matière, élevée à ce degré d'organisation, est employée, dans l'œuf, à constituer le germe; comment les vésicules ou les cellules dont elle se compose sont ensuite coordonnées pour former, au sein de ce germe, les organes du nouvel être.

CHAPITRE III.

—

PRODUIT FEMELLE DE LA GÉNÉRATION.

ŒUF DANS L'OVAIRE.

L'œuf primitif est une vésicule plus ou moins complexe, émanée de l'ovaire chez presque tous les animaux, pouvant naître indistinctement sur tous les points du corps de quelques-uns de ceux qui occupent les degrés les plus inférieurs de la série, et renfermant en soi des matériaux préparés d'avance pour le développement d'un individu nouveau.

La cellule ou la vésicule que cet œuf représente contient donc cet individu en puissance et n'a besoin, pour le traduire en acte, que de l'intervention des circonstances extérieures qui, après la conception, doivent en favoriser le développement. Comme toutes les cellules, il se compose d'une membrane enveloppante, que l'on désigne sous le nom de *Vitelline*, et d'un contenu cellulaire connu sous celui de jaune ou de *Vitellus*. On y trouve, en outre, une vésicule particulière plongée dans ce vitellus et qu'on appelle *Vésicule germinative*.

Ce sont là, en effet, les trois éléments fondamentaux qui

entrent dans la composition de l'œuf de la plupart des animaux; mais il en est quelques-uns chez lesquels ces éléments paraissent moins nombreux, tandis que chez d'autres ils le sont davantage. Ainsi, par exemple, on n'a point encore pu découvrir de vésicule germinative dans l'œuf des Hydres et des Polypes inférieurs; en sorte que, si cette absence se confirmait, cet œuf aurait une organisation moins complexe que celui des autres animaux. Chez les Oiseaux, au contraire, non-seulement on trouve les trois éléments fondamentaux dont l'œuf se compose en général, mais la vésicule germinative y est en outre entourée d'une espèce d'auréole granuleuse, circulaire, connue sous le nom de *cicatricule* ou *de Blastoderme*, et qui deviendra la base du germe. Il résulte de là que chez ces animaux, comme chez tous ceux qui présentent cette particularité, les rudiments du *Blastoderme* ont déjà une forme déterminée et acquise avant la conception, pendant que chez les espèces qui ne sont pas dans la même catégorie, ce même *Blastoderme* ne commence jamais à se former que plus ou moins longtemps après le rapprochement des sexes, et s'y réalise même par un autre mécanisme. Nous aurons donc à tenir compte de toutes ces différences à mesure que nous étudierons les modifications successives des diverses parties de l'œuf.

La raison semble indiquer d'avance que le jeune animal doit trouver dans l'œuf, comme la jeune plante dans la graine, tous les principes immédiats qui sont nécessaires pour la composition de ses tissus. Mais la chimie n'a pu en donner la démonstration expérimentale que lorsque ses moyens d'investigation, s'exerçant dans la voie féconde où les travaux de M. Chevreul (1) l'ont engagée, s'est appliquée à bien définir ce qu'il fallait entendre par principes immédiats des corps vivants. L'analyse organique, circonscrite alors dans des limites arrêtées, a concentré tous ses efforts sur les véritables difficultés de la question, et, au lieu de s'égarer dans les résultats confus d'une expérimentation mal dirigée, elle a pu s'occuper efficacement de démontrer la coexistence des mêmes éléments dans l'œuf et dans le germe. Les recherches entreprises sous l'influence de cette méthode régularisatrice ont fourni de précieux documents, et l'on sait aujourd'hui que le jaune de l'œuf des Oiseaux renferme des principes immédiats azotés, l'albumine entre autres, qui est une des bases principales des animaux; plusieurs principes gras, tels que la stéarine et l'oleine; plusieurs principes colorants, dont l'un est surtout remarquable en ce qu'il semble destiné à former l'hématosine du sang; plusieurs corps dits inorganiques, tels que la soude, qui est essentielle à la constitution du sang; les chlorures de sodium et de potassium, qui se trouvent dans tous les liquides animaux; les phosphates de chaux et de magnésie, bases des os; enfin le soufre, que l'on retrouve dans l'organisme adulte.

Malheureusement tout ce que l'on sait sur ce point ne concerne encore que l'œuf pondu et l'on n'a presque rien tenté pour connaître la composition de l'œuf ovarien, ni celle de l'œuf incubé. Mais, si restreinte que soit l'expérience, elle n'en a pas moins déjà donné un résultat positif, que je ne pouvais me dispenser de signaler en passant.

(1) *Considérations géner. sur l'Analy. organ. et ses applications.* Paris, 1824.

Ce n'est pas là cependant ce qui doit nous préoccuper le plus dans le cours de ce travail; notre but consiste surtout à saisir la succession des formes organiques, à suivre tous les mouvements, toutes les combinaisons à l'aide desquels ces formes se réalisent, et à pénétrer aussi loin vers leur origine, que le microscope le permet, sans jamais avoir recours aux réactifs qui les détruisent. Nous allons donc commencer par étudier avec soin tous les éléments organiques dont l'œuf se compose, et par montrer les différences qu'ils présentent dans les diverses classes de la série.

MEMBRANE VITELLINE.

La membrane vitelline est une vésicule close qui limite l'œuf ovarien ou primitif, renferme dans sa cavité le vitellus, la vésicule du germe et la cicatricule chez les espèces qui possèdent cette dernière. Sa paroi, toujours transparente dès l'origine, conserve cette qualité à un degré variable dans l'œuf de la plupart des animaux; mais il en est chez lesquels elle s'obscurcit peu à peu et finit même par devenir tout à fait opaque. Malgré son épaisseur, elle est si diaphane dans l'œuf de la femme et des Mammifères, qu'au microscope on n'en peut apercevoir que le profil qui se dessine, autour du vitellus, comme un anneau de cristal. Cette particularité lui a même fait donner le nom de *zone transparente* (1), désignation impropre qui, en n'exprimant qu'une apparence, éveille une idée contraire à la réalité. C'est sans doute aussi à

(1) Bernhardt, et Valentin *Symbolæ ad ovi Mammalium. histor.*, Breslan. 1834.

une cause d'illusion, qu'il faut attribuer l'opinion émise par quelques auteurs (1) : que la membrane vitelline au lieu d'être composée d'un élément unique, était au contraire formée de deux feuillets entre lesquels existerait une couche d'albumine. Il suffit de déchirer cette membrane ou de la comprimer, pour acquérir la conviction de l'inexactitude de ce fait.

Chez les Oiseaux, des fibres nombreuses, déliées et parallèles se développent dans son tissu finement grenu et ponctué, sans que pour cela la limpidité de sa paroi en soit visiblement affaiblie. Cette disposition fibreuse semble plus particulièrement caractéristique de l'œuf de cette classe; car dans toute la portion de la série qui est représentée par les Reptiles, les Batraciens, les Poissons, les Mollusques, les Insectes, ces fibres deviennent rares ou manquent complétement et la membrane vitelline, pellucide, élastique, homogène ou finement grenue, ne présente aucune particularité qui mérite d'être signalée. Mais chez les Polypes et les Hydres, la membrane vitelline, remarquable par les cils vibratiles qui, à l'origine, garnissent sa surface, après avoir conservé pendant quelque temps sa transparence, devient plus ou moins opaque et cornée et finit par se transformer en véritable coque. Il y a même des espèces, parmi ces animaux, chez lesquelles cette enveloppe offre des épines solides terminées en crochet et qui servent à fixer l'œuf aux plantes aquatiques, comme on en voit des exemples sur celui *de l'Hydre orangée* et de la *Crystatella mucedo*. Chez l'Hydre toute la surface de la coque en est garnie, pendant que chez la Cristatelle il n'y en a que deux rangées disposées sur la circonférence de deux cer-

(1) Krause, *Arch. de Müller*, 1837, p. 27. — Valentin, *Repert.* T. III, p. 100.

cles concentriques dont le plus grand en supporte ordinairement vingt et le plus petit douze. La membrane vitelline qui, dans les cas dont il s'agit, devient assez solide pour protéger le germe, et persiste jusqu'au moment de l'éclosion, ne pourrait être brisée par le frêle individu qu'elle renferme si, par suite d'une curieuse prédisposition, elle ne se décomposait en deux valves qui s'ouvrent comme celles d'une coquille sur sa charnière. Mais les ressources de la puissance créatrice sont inépuisables, et tout a été calculé d'avance pour que le but soit atteint.

Les animaux inférieurs, dont je viens de signaler les œufs épineux, ne sont pas les seuls sur la membrane vitelline desquels se développent des appendices qui ont une semblable destination; car les êtres placés en tête de la série en offrent des exemples qu'il me paraît difficile de ne point considérer comme à peu près analogues. L'on voit, en effet, chez les Mammifères, lorsque l'œuf est parvenu dans la matrice, la membrane vitelline se couvrir de végétations plus ou moins ramifiées qui, à mesure qu'elles se développent, s'enfoncent dans le tissu de la muqueuse utérine et attachent ainsi l'œuf à la place qu'il doit occuper désormais. Ces villosités, molles et flexibles, formées par une substance assez uniformément granuleuse, paraissent avoir une organisation bien différente de celle qui constitue les épines cornées de l'œuf des Polypes; mais elles n'en exercent pas moins une fonction à peu près analogue, puisque, comme ces dernières, elles ont pour but de maintenir cet œuf dans une position plus ou moins fixe, seulement, au lieu de persister jusqu'au terme du développement, comme les épines cornées des Polypes, elles disparaissent de très-bonne heure avec la membrane vitelline dont elles sont le prolongement. M. Bischoff se trompe donc lorsqu'il considère ces villosités transitoires comme le rudiment de celles qui, plus tard, garniront d'une manière permanente la surface du *chorion vasculaire*. Ce sont des parties tout à fait différentes, qui se substituent les unes aux autres, qui se succèdent sans avoir la même origine, ainsi que nous aurons plus loin l'occasion de le démontrer. La substitution d'une membrane ou d'un organe à une autre membrane ou à un autre organe, dont la résorption efface jusqu'au dernier vestige, est un fait qui se reproduit si souvent pendant le développement des organismes, qu'on serait conduit aux plus graves erreurs si on ne se mettait en garde contre les illusions qu'un pareil état des choses peut produire. Mais on échappe à toutes les méprises, quand on admet la possibilité que des parties nouvelles puissent prendre la place et même les apparences de celles qui les avaient précédées dans l'ordre des formations, et que le progrès du développement fait disparaître. On n'est plus exposé alors à considérer comme de simples transformations le changement plus profond qui résulte d'une véritable substition. C'est à l'aide de ce principe que nous parviendrons à détruire la confusion que l'on a introduite dans la signification des membranes de l'œuf.

La faculté qu'a la membrane vitelline de produire des villosités et de devenir ainsi le siége d'une active végétation, quoiqu'il n'entre dans la composition de ses parois ni cellules, ni vaisseaux sanguins, est peu compatible avec l'opinion de ceux qui pensent qu'il n'y a d'organisation que là où existe l'une ou l'autre de ces conditions. Comment admettre, en effet, qu'une partie susceptible de prendre un accroissement aussi considérable, et de pousser des racines régulières sur tous les points de sa surface doive être rangée parmi les produits inorganiques? Il y a là évidemment un problème dont les partisants exclusifs de la théorie cellulaire ne pourraient, dans l'état actuel de nos connaissances, donner une solution satisfaisante. Il faut donc reconnaître que la membrane vitelline est une enveloppe vivante de l'œuf, puisque, dans la limite de sa destination, elle accomplit des actes organiques qui le démontrent jusqu'à l'évidence.

Quelques physiologistes, trompés par une apparence que produit, à la face interne de la membrane vitelline de l'œuf des Oiseaux et des Grenouilles (1), la présence de la vésicule germinative, ont supposé que cette membrane était percée d'une ouverture circulaire et que cette ouverture, ménagée d'avance pour le passage du corpuscule spermatique, se refermait ensuite dès que celui-ci était entré dans l'œuf pour en opérer la fécondation. Mais un examen plus attentif n'a pas tardé à révéler les causes de cette erreur, et à expliquer pourquoi une apparence d'ouverture se manifeste avant la conception et s'évanouit après le rapprochement des sexes. En effet, tant que, chez les Oiseaux et les Grenouilles, l'œuf est dans l'ovaire, la vésicule germinative persiste, et, vue à la surface du jaune, à travers la membrane vitelline, elle prend les apparences d'une ouververture d'autant plus caractérisée que sa transparence contraste davantage avec tout ce qui l'entoure. Mais à l'époque où l'œuf atteint sa maturité et va rompre sa capsule pour s'engager dans l'oviducte, la vésicule germinative s'efface et avec elle l'illusion que sa présence développe. Or,

(1) Prévost et Dumas, *Annales des Sciences Nat.*, 1824, Tom. II, p. 104.

comme cette époque coïncide précisément avec celle du rapprochement des sexes, on a été conduit à admettre que cette prétendue ouverture de la membrane vitelline avait pour but de laisser passer les spermatozoïdes.

Cette opinion, qui semblait abandonnée, a été reproduite vers ces dernières années, par M. Barry (1). Ce physiologiste a cru remarquer, non plus chez les Oiseaux et les Grenouilles, mais chez les Mammifères, que la membrane vitelline d'un œuf arrivé à maturité, offrait avant et pendant la fécondation, un fissure dans laquelle il dit même avoir aperçu un filament spermatique engagé. J'ai cherché, avec le plus grand soin, à vérifier ce fait et j'ai toujours vu sur des œufs observés au moment où ils allaient quitter l'ovaire, ou lorsqu'ils venaient d'en sortir, que la membrane vitelline était dans une intégrité complète. Il est donc probable que M. Barry aura pris une déchirure accidentelle de la membrane vitelline pour une ouverture normale.

En résumé, la membrane vitelline est donc une vésicule close, vivante, dont la paroi le plus souvent simple, homogène, pellucide, élastique, finement grenue, rarement fibreuse, quelquefois opaque, cornée, rarement couverte de cils vibratiles, hérissée d'épines ou de villosités, toujours privée de cellules et de vaisseaux, renferme dans sa cavité toutes les parties de l'œuf primitif, sans avoir avec elles aucun lien de continuité. C'est une enveloppe protectrice qui disparaît ordinairement de très-bonne heure, mais qui, dans un certain nombre de cas, persite jusqu'à l'époque de l'éclosion. Alors elle devient solide ou cornée et remplit

(1) *Philos. Transact*, 1840, p. 532, § 332-335, et p. 536, § 346.

l'office de la coque des Oiseaux, quoiqu'elle n'ait cependant pas la même signification.

VITELLUS.

Le vitellus est une matière nutritive, vivante, organisée, qui remplit la cavité de la membrane vitelline et s'y trouve renfermée comme dans un magasin où le germe puise les matériaux dont il a besoin pour son développement. Sa composition et sa couleur varient non-seulement dans les diverses classes de la série, mais dans la même espèce, quand on étudie l'œuf à différents degrés de maturité. Sa quantité et son volume ne sont nullement en rapport avec la taille des espèces qu'il doit reproduire ; car pendant que l'œuf de la femme, comme celui du Mammifère le plus gigantesque, ne dépasse ordinairement pas un cinquième de millimètre de diamètre, celui d'une Poule, d'une Autruche, d'une Tortue, d'un Crocodile, d'un Squale, d'une Raie peut atteindre jusqu'à un volume proportionnellement incompararable. On approche bien plus de la vérité lorsqu'on admet que cette quantité de matière vitelline, toujours en harmonie avec les milieux au sein desquels le nouvel individu doit se développer, est d'autant plus abondante, que ces milieux peuvent offrir au germe moins d'éléments à absorber, et qu'elle est d'autant plus faible, qu'ils peuvent lui en fournir davantage. Ainsi, par exemple, les Mammifères qui se développent tous dans le sein maternel et dont l'œuf se met directement en rapport avec la mère, à la faveur d'une adhérence placentaire, n'ont besoin du vitellus que pour organiser la première forme du germe; car du moment où celui-ci se trouve constitué, il extrait de la matrice tous les matériaux nécessaires pour son développement ultérieur. Mais les Oiseaux, les Tortues et un certain nombre de Reptiles dont l'incubation est extérieure, ne pouvaient trouver les mêmes ressources dans le milieu ambiant. Il a donc fallu que l'œuf fût constitué de façon à suppléer à l'insuffisance de ce milieu; et c'est pour cela que l'abondance du jaune, combinée avec celle de l'albumen, forme une réserve qui suffit à tous les besoins de la nutrition. Il est vrai que, parmi les Reptiles et les Poissons cartilagineux, on en trouve un certain nombre qui sont vivipares et dont quelques-uns semblent adhérer à la matrice; mais, dans ces cas là même, il existe ordinairement une membrane coquillière interposée qui devient un obstacle au libre échange entre la mère et le fœtus. Et si, par exception, cette membrane fait défaut, les relations qui s'établissent alors entre l'œuf et la matrice ne sont jamais assez intimes pour qu'il soit permis de les comparer à celles qui s'organisent dans le placenta des Mammifères. Il faut donc que, dans ce cas encore, la richesse du vitellus fournisse à l'Embryon un aliment que la matrice ne peut lui donner.

On peut donc établir, comme une règle générale, que, chez les Vertébrés au moins, la proportion du vitellus est en raison directe de la pauvreté des milieux, et en raison inverse de leur richesse; que là où ces milieux sont insuffisants l'œuf porte avec lui les provisions dont il a besoin, et qu'alors le vitellus est assez abondant pour qu'il en reste encore, même après l'éclosion, dans le ventre du nouveau né, une quantité plus ou moins grande. Mais, chez les invertébrés, l'organisation ne s'élevant pas jusqu'à un aussi haut degré de complication, on doit s'attendre à ne point rencontrer une application aussi rigoureuse du principe que nous venons de poser. Cependant on le voit persister encore d'une manière manifeste dans l'œuf des Céphalopodes, des Crustacés chez lesquels la matière vitelline, loin d'être employée tout entière à la réalisation de l'Embryon, sert encore à sa nutrition jusqu'au dernier terme de son développement.

Cela posé, voyons maintenant quelles sont les différences que cette matière présente dans les principaux degrés de la série et dans les diverses phases de son développement.

Chez l'espèce humaine et les Mammifères, l'œuf étant très-petit et la membrane vitelline ayant une épaisseur proportionnellement très-considérable, il s'ensuit qu'il n'y a de place que pour une bien faible quantité de vitellus. Aussi ce vitellus y est-il réduit à une petite masse sphérique de granulations plus ou moins opaques, liées entre elles par une matière mucilagineuse, transparente, médiocrement fluide. Ces granulations, quand on écrase l'œuf pour en exprimer le contenu, apparaissent comme de fines molécules globulaires qui, sous les plus forts grossissements, semblent constituées par une substance homogène. On cherche vainement à découvrir si ce ne seraient pas de petites vésicules ayant un contenu propre, et toutes les tentatives que l'on fait pour atteindre ce but tendent à démontrer que ces granules ne peuvent mieux être comparés qu'à des globules microscopiques de graisse ou d'albumine coagulée. Ils existent déjà dans l'œuf dès les premiers moments de son apparition et ne paraissent pas subir de modification appréciable jusqu'à celui de sa maturité; mais ils forment toujours une masse sphérique qui remplit toute la cavité de la membrane vitelline. M. Bischoff (1) n'avait donc observé que des œufs anormaux ou altérés par une macération cadavérique, lorsqu'il admit que chez la femme, les Singes et la Truie, le vitellus, plus petit que la cavité qui le renfermait, pouvait y flotter librement et y revêtir même des formes différentes de celle de la sphère. Sans doute il viendra un moment où, en effet, son volume se réduira d'une manière notable; mais ce ne sera jamais qu'au temps de sa complète maturité et quand l'œuf quittera l'ovaire pour subir dans l'oviducte les premières influences de la conception.

Dès 1834, j'avais déjà établi que le vitellus de l'œuf de la femme et des Mammifères, exclusivement constitué par une masse granuleuse homogène, n'avait d'autre enveloppe que celle que je désignais alors sous le nom de *membrane vitelline*, afin de consacrer ainsi son analogie avec celle des autres animaux. Depuis cette époque, on a beaucoup discuté sur la question de savoir s'il n'y en aurait pas une autre à l'intérieur de celle que je viens de nommer et qui y serait en quelque sorte dissimulée par la manière dont elle serait confondue avec la superficie du vitellus. MM. Valentin (2), Krause (3), Warton Jones (4), Barry (5) et Wagner lui-même (6) en ont admis la présence et se sont fondés, pour la démontrer, sur ce que dans certains cas anormaux le vi-

(1) *Encyclopédie anatomique*. Paris, 1843, T. VIII, p. 11 et 535.

(2) *Archives de Müller*, 1836, p. 161, 163.

(3) *Archives de Müller*, 1837.

(4) *London and Edimb. philos. Magas.* 1835.

(5) *Philos. Transact.*, 1840, pl. II, p, 534, § 339.

(6) *Traité de Physiologie*, traduct. franç. de Habets, Bruxelles 1841, p. 49.

tellus rapetissé flotte librement dans l'intérieur de l'œuf sans perdre sa forme globuleuse, sans que les granules dont il se compose se disjoignent ou se dispersent. Ils ont supposé qu'une semblable réduction ne pouvait se concevoir que par l'action rétractile d'une enveloppe particulière qui, pour être difficile à saisir, n'en aurait pas moins une existence réelle. Cette manière de voir était trop spécieuse au premier abord pour ne pas rencontrer de nombreux partisans, et les noms que je viens de citer peuvent donner une idée du crédit qu'elle a obtenu. Mais depuis que j'ai démontré, par des expériences mille fois répétées, qu'une simple macération dans l'eau suffit pour exercer sur le contenu granuleux de la plupart des vésicules ou des cellules une influence tout à fait identique, quoique cependant il n'existe manifestement pas dans ces cas une seconde membrane, les idées que j'avais émises en 1834 sur l'organisation de l'œuf des Mammifères ont définitivement prévalu, et tout le monde admet aujourd'hui que le vitellus de ces animaux est exclusivement constitué par un globe granuleux homogène, dans la composition duquel entre une certaine quantité de matière visqueuse, et qui n'a pas d'autre enveloppe que celle que j'ai désignée sous le nom de vitelline.

La petitesse du vitellus, assez caractéristique de l'œuf des Mammifères pour devenir l'expression d'une règle générale, trouve cependant une exception quand on arrive aux animaux de cette classe qui, comme l'Ornithorynque, font le passage aux verétbrés ovipares. Les granules du vitellus de l'Ornithorynque sont, en effet, si abondants, que l'œuf ovarien acquiert chez cet animal le volume d'un gros pois, revêt une partie des caractères de celui des ovipares, et devient lui-même une preuve remarquable d'une transition que les recherches anatomiques de MM. Geoffroy-Saint-Hilaire et de Blainville ont depuis longtemps mis en évidence.

Le vitellus des Oiseaux présente, dès l'origine, une telle ressemblance avec celui des Mammifères, que, dans ces deux classes, l'œuf a d'abord toutes les apparences d'une organisation identique. Dans l'une comme dans l'autre, le jaune est constitué par une petite masse de granulations opaques, au sein de laquelle se trouve logée la vésicule germinative. Bientôt, cependant, l'œuf des Oiseaux, dont la destinée est de prendre un développement considérable, tend de plus en plus à acquérir ses caractères distinctifs et à s'éloigner de cet état primitif ou rudimentaire dans lequel se conserve d'une manière permanente celui de la femme et des Mammifères. A la surface des granules vitellins, et immédiatement en contact avec la membrane vitelline, on voit apparaître une couche particulière que j'appellerai *couche* ou *membrane celluleuse*, parce qu'elle est exclusivement formée de cellules semblables à celles qui tapissent la vésicule de Graaf des Mammifères. Elles sont, comme elles, pleines d'un granulé fin, et, comme elles aussi, coalisées ensemble au moyen d'une matière visqueuse ou albumineuse. Cette membrane celluleuse qui, à une certaine époque, présente une épaisseur assez considérable, est destinée à s'affaiblir à mesure que l'œuf prendra de l'accroissement et même à disparaître totalement après la ponte. Cependant, dans les œufs mûrs, ont trouve encore des traces non équivoques de son existence. C'est au dessous de cette première membrane celluleuse, et en relation avec elle, que se montre une autre couche que je distinguerai par le nom de *couche granuleuse*, parce qu'elle paraît bien évidemment être le résultat d'une condensation autour de la portion centrale du vitellus naissant d'une certaine quantité de granules vitellins. Par suite de cette modification, le centre du vitellus primitif se trouve donc renfermé comme un noyau dans la cavité de la sphère creuse que la couche superficielle coagulée représente; mais ce noyau, que nous verrons plus tard se transformer en cicatricule et au sein duquel nous avons dit que réside la vésicule du germe, ne s'isole de la paroi granuleuse nouvellement formée que dans une portion de son pourtour. Il reste confondu avec elle et s'y incorpore par un point de sa surface. Or, à mesure que l'œuf grandit, la couche granuleuse qui tapisse la face interne de la membrane celluleuse prend une extension proportionnelle; sa cavité augmente, devient plus spacieuse, et le noyau, ou, comme je l'appellerai désormais, le *cumulus granuleux*, qui, dès l'origine, en occupait le centre, doit nécessairement s'en éloigner peu à peu avec la paroi à laquelle il est suspendu ou incorporé et qui le maintiendra désormais à la surface : c'est ce qui a lieu. La vésicule du germe, logée dans la substance même de ce *cumulus*, que l'on peut considérer, je le répète, comme un point épaissi de la couche granuleuse elle-même, n'a donc pas besoin, pour rester à la surface, d'y être amenée, comme on l'a dit, par sa pesanteur spécifique, ni par l'action rétractile d'un *gubernaculum* imaginaire. Cette position lui est imposée par la combinaison organique que je viens de signaler, et cette combinaison est un acte de la plus haute importance; car elle coordonne les premiers matériaux du germe. Nous verrons, en effet, que quand l'œuf ovarien approchera de sa maturité, la portion épaissie de la membrane granuleuse (ou *cumulus*), au sein de laquelle la vésicule germinative est logée, s'isolera de tout le reste et constituera, à la surface du jaune, le petit disque granuleux qui, sous le nom de cicatricule, donnera, plus tard, naissance au blastoderme.

A mesure que la couche particulière et superficielle du vitellus naissant se convertit en membrane granuleuse et saisit la vésicule germinative dans l'épaisseur de sa paroi, l'œuf, qui continue à grandir, absorbe les fluides que l'ovaire lui fournit, et ces fluides introduits par endosmose à travers la membrane vitelline, la membrane celluleuse et la couche granuleuse elle-même, viennent, dans la cavité de cette dernière, pour contribuer à organiser les matériaux du jaune plus développé.

Le premier résultat du travail organisateur dont nous suivrons ici la marche progressive, consiste dans la formation d'un grand nombre de globules moléculaires. Ces globules, qui sont d'abord d'une extrême ténuité, augmentent peu à peu de volume et, à mesure qu'ils grandissent, leur véritable nature se dévoile davantage. Ils se montrent alors homogènes et transparents. Quelques-uns, cependant, présentent une légère opacité produite par la formation, au milieu de leur substance, d'un certain nombre de granules très-fins, analogues, en apparence, à ceux qui composent le vitellus primitif ; mais, dans tous les cas, ces globules sont compactes ou solides ; car, si on les soumet à la compression, on les voit se dilacérer, se fendiller dans toute leur épaisseur, sans rien émettre de leur substance, qu'elle se présente sous une apparence homogène ou granuleuse. Ce fait, qui se manifeste d'une manière constante, tend à démontrer que les globules qui, à ce moment, composent la presque totalité du vitellus ont une consistance gélatineuse et qu'ils ne sont pas creux.

Si l'œuf, jusqu'à une certaine époque de son développement, ne renferme que des granules et de petits globules, il arrive pourtant un moment où, parmi de ces globules, se montrent quelques cellules. Celles-ci se trouveront même à la fin, comme nous allons le voir, composer la masse totale du vitellus. Or, quelle est l'origine de ces cellules? Quoique la solution d'un pareil problème ne soit pas sans quelque difficulté, attendu que le phénomène se passant loin de l'œil de l'observateur, se complique de l'impossibilité d'en suivre toutes les périodes, il est possible cependant de reconnaître que les cellules ou vésicules vitellines ont deux modes de formation. En effet, si l'on peut admettre que, dans un cas, ce sont les globules primitifs dont la portion centrale en se liquéfiant, tandis que leur surface conserve sa solidité originaire, se convertissent en véritables cellules ou vésicules, au sein desquelles naîtra un noyau; d'autres fois on pourrait dire que ces cellules ont un autre mode de formation. Dans ce second cas, il semblerait qu'il se manifeste autour de chacun des globules primitifs dont le vitellus est composé, une membrane enveloppante mince et transparente. Cette membrane, qui se profile à la superficie du globule qu'elle renferme, se détacherait de celui-ci par l'introduction d'un fluide incolore, s'en isolerait de plus en plus et finirait par se présenter sous l'apparence d'un vésicule sphérique, à dimensions variables.

Quel que soit le mécanisme à la faveur duquel les vésicules

vitellines se réalisent, les parois de ces mêmes vésicules sont si minces et si délicates, que le simple contact de l'eau ou de l'air suffit pour les faire éclater lorsqu'on les répand sur le porte-objet du microscope. C'est surtout quand elles ont acquis un certain volume que l'action de l'eau est prompte à en dissoudre les parois. On les voit alors se rompre successivement et verser, à mesure, le fluide transparent qui remplit la cavité de chacune d'elles, ainsi que le globule muqueux qui roule sur le porte-objet avec le fluide qu'elles épanchent. Si l'on ne prêtait à l'observation du phénomène qu'une attention peu soutenue, on pourrait être entraîné à croire que l'œuf renferme une grande quantité de lymphe albumineuse et de globules graisseux à l'état libre, pendant que le tout est réellement emprisonné dans les vésicules pellucides qui, à cette époque, forment le jaune presque tout entier. Si donc on veut se faire une idée exacte du véritable état des choses, il faut observer le vitellus au moment même où on l'extrait de l'œuf et avant que l'influence des agents extérieurs en ait altéré l'organisation. C'est pour n'avoir pas apporté dans l'analyse microscopique toutes les précautions que je viens d'indiquer, qu'on n'a encore aujourd'hui que des notions incomplètes sur les transformations du jaune des Oiseaux.

L'œuf des Oiseaux se compose donc, à la seconde période de son développement, de la membrane celluleuse qui, jusqu'à sa complète maturité, en constituera la superficie ; de la couche granuleuse, dans un point épaissi de laquelle est logée la vésicule de Purkinje ; et d'une masse de grandes vésicules diaphanes à noyau globuleux.

La transparence de ces vésicules, ainsi que celle de la

lymphe qu'elles renferment, donnent à l'œuf un aspect clair et blanchâtre qui traduit à l'extérieur la nature de son contenu. Aussi, à mesure que les vésicules qui forment ce contenu se modifient d'une manière sensible, des changements de couleur, correspondant à cette modification intérieure, en deviennent les signes appréciables au dehors, et l'on voit l'œuf passer successivement du blanc au jaune pâle, et du jaune pâle à la couleur orange la plus prononcée. Nous allons en trouver la preuve dans les premiers changements moléculaires qui ont lieu au sein des vésicules dont le vitellus est maintenant formé.

Le noyau volumineux, gélatiniforme, d'apparence graisseuse, que chaque vésicule diaphane renferme, est le seul globule, ais-je dit, qui se montre d'abord au sein du fluide albumineux dont la cavité de ces vésicules se trouve remplie. Bientôt, à côté de ce noyau et presque toujours en contact avec lui, il s'en forme un second, puis un troisième, un quatrième, et ainsi de suite, jusqu'à ce que la cavité de chacune des vésicules, qui deviennent le siége de ce travail préparatoire, en soit envahie tout entière.

Il résulte de là que le contenu des vésicules diaphanes, successivement modifié par la nombreuse génération de globules qui semble s'accomplir à ses dépens, finit par être complétement transformé, et qu'à la place d'un liquide translucide, on ne trouve bientôt plus qu'une provision de globules gélatiniformes, solides, homogènes, dont la présence obscurcit les vésicules contenantes, ou même les rend tout à fait opaques.

On rencontre tous les degrés de cette transformation dans les œufs qui commencent à se colorer en jaune, et l'on peut même dire que la première cause de leur coloration doit être attribuée au changement dont je viens de faire connaître le mécanisme; car les globules nouvellement formés dans la cavité des vésicules diaphanes ont une teinte légère qui est exprimée par le vitellus d'une manière d'autant plus intense, que le nombre de ces vésicules modifiées devient plus considérable.

Lorsque les choses en sont arrivées à ce point, les vésicules qui se sont remplies de globules se rompent ou se dissolvent au contact de l'eau avec autant de promptitude qu'au moment où elles ne renfermaient qu'un fluide limpide. Mais alors, au lieu de ne mettre en liberté que ce fluide et le noyau unique qu'il tient en suspension, elles laissent échapper des flots de globules moléculaires dont le porte-objet du microscope est immédiatement inondé. Il faut donc se tenir en garde contre cette nouvelle cause d'erreur; car tant qu'aucune influence dissolvante ne s'exerce, ces globules sont toujours logés dans la cavité des vésicules au sein desquelles ils se sont formés.

Une expérience bien simple en donne d'ailleurs une preuve décisive. Il suffit, en effet, de soumettre le vitellus à la coction. Alors les vésicules durcies restent intactes, sous forme de masses distinctes, crystalloïdes, plus ou moins déformées par la pression qu'elles exercent les unes sur les autres, et comme dans ce cas ces vésicules solidifiées ne peuvent émettre leur contenu, on ne rencontre jamais de granules libres.

De tout ce qui précède il est donc permis de conclure que les modifications profondes que le vitellus des Oiseaux subit pendant le cours de son premier développement ovarien, tiennent exclusivement à une transformation de la lymphe albumineuse qui remplit les grandes vésicules diaphanes dont il se compose. Ces modifications consistent, comme on vient de le voir, dans la formation d'une innombrable quantité de globules solides qui tous naissent au sein de ces mêmes vésicules.

On dirait que la génération de ces globules est produite par la coalescence d'une matière grasse tenue en dissolution par le fluide que les vésicules renferment; matière qui, si l'on peut s'exprimer ainsi, crystallise en gouttelettes arrondies, trés-régulièrement sphériques et d'un volume variable. Mais à mesure que le nombre de ces globules augmente, on les voit se rapetisser tellement qu'ils finissent par se réduire en granules moléculaires d'une finesse extrême. Il semble qu'après avoir existé pendant quelque temps avec un certain volume, ils se fractionnent ensuite pour se résoudre en granulations pulvérulentes. Les grandes vésicules, dont le contenu a subi cette pulvérisation, offrent un aspect un peu différent de celles qui renferment encore des globules moins ténus; mais elles ont toutes la même tendance et contiennent toutes des éléments d'une nature identique. Il n'y a entre elles qu'une seule différence, c'est que, dans les unes, la modification a été poussée plus loin, pendant que, dans les autres, elle n'a pas encore dépassé certaines limites. Mais quel que soit le degré de division de ces globules et le nombre de ceux que les vésicules renferment, il reste toujours entre eux une certaine quantité d'albumine qui occupe leurs interstices; albumine qu'il ne faut pas négliger de prendre en considération si l'on veut se faire une idée exacte des éléments qui entrent dans la composition du vitellus ovarien des Oiseaux, de la proportion de chacun d'eux, de la forme qu'ils affectent, de leurs rapports réciproques.

Ainsi donc, si, comme je viens de le dire, tous les parties dont se compose le vitellus des Oiseaux qui approche de sa maturité ne sont, en définitive, qu'une simple transformation de celles qui en formaient originairement la substance; si les diverses apparences qu'elles présentent ne sont que des états différents d'une succession qu'elles doivent toutes parcourir, le problème cesse d'offrir les difficultés qui ont empêché jusqu'ici les physiologistes d'en trouver la solution et qui ont fait dire à M. Wagner (1) : que reconnaître la structure et l'arrangement des éléments du vitellus des Oiseaux est une des recherches microscopiques les plus ardues, une question avec laquelle on est loin encore d'avoir fini.

Les faits que je viens de rapporter me paraissent combler cette lacune de la science, et par eux la question se trouve réduite à sa plus simple expression; car toutes les transformations du jaune s'expliquent par celles de l'une de ses vésicules constituantes.

Il n'y a pas autre chose, en effet, dans le vitellus des Oiseaux que les vésicules dont il s'agit, et si, pendant le cours des investigations auxquelles on se livre, d'autres éléments se manifestent, il faut en attribuer la naissance à une décomposition provoquée par l'influence des agents extérieurs. Ainsi, par exemple, les grandes gouttes d'huile et de graisse qu'on peut en faire abondamment sortir par la compression n'existent pas dans l'état d'intégrité de l'œuf. Elles

(1) Wagner, *Physiologie*, traduction française, 1842, p. 41 et 42.

sont le produit artificiel de la coalescence fortuite des particules oléagineuses qu'épanchent, pendant qu'on les observe, les grandes vésicules qui éclatent et dont la rupture met en liberté leur contenu granuleux.

Cependant toutes les vésicules ou cellules vitellines ne renferment pas une égale proportion de granules moléculaires ou de globules gélatiniformes. Il en est une assez grande quantité, même dans l'œuf mûr, qui sont remplies d'une lymphe albumineuse au sein de laquelle il n'existe qu'un petit nombre de noyaux et où souvent on n'en rencontre qu'un seul. Ces vésicules, qui n'ont pas subi autant de modifications que celles qui forment le reste du vitellus, sont pâles, transparentes et contrastent, par leur teinte claire, avec la coloration jaune et l'aspect granulé de toutes les autres. Elles forment au centre de l'œuf une accumulation assez régulièrement arrondie et semblent y être logées dans une sorte de cavité (*Latebra* de M. Purkinje). Il y en a aussi une traînée bien caractérisée qui de cette accumulation centrale s'étend comme un rayon vers le point de la surface du jaune où se trouve la cicatricule, et vient aboutir à cette dernière en prenant toutes les apparences d'un canal étroit. Mais cette prétendue *cavité centrale* et ce *canal vitellin*, n'ont pas au fond une existence réelle. Leur délinéation n'est en définitive qu'une apparence produite par une différence de couleur.

Cette disposition particulière dans la coordination des matériaux du jaune des Oiseaux, n'a pas peu contribué à faire croire que la vésicule germinative quittait le centre de l'œuf pour venir ensuite se placer à la surface. L'on a supposé que la cavité centrale du jaune était la place qu'elle occupait d'abord, et le canal vitellin la trace de la route qu'elle suivait.

Cette erreur, professée encore aujourd'hui par tous les physiologistes, doit être désormais effacée de la science. Elle en sera définitivement bannie, dès qu'on aura pu apprécier la valeur des motifs sur lesquels je me fonde pour combattre l'idée de cette émigration illusoire. La matière qui occupe le centre du jaune et le prétendu canal vitellin, doit donc être étudiée en dehors des préoccupations d'une théorie déchue, et il faut lui chercher une distinction que la connaissance approfondie de sa nature intime peut seule révéler.

Je viens de dire que le centre de l'œuf parvenu à maturité, et le prétendu *canal vitellin* étaient occupés par des vésicules diaphanes, remplies d'un fluide albumineux qui tient un petit nombre de noyaux gélatiniformes en suspension : ces points de l'œuf sont actuellement les seuls où ces vésicules existent. Partout ailleurs elles sont devenues opaques par la transformation granuleuse de leur contenu ; ici elles persistent dans un état moins avancé pour un usage qui se rattache probablement aux premières modifications que l'incubation fait subir au blastoderme.

Ainsi donc, en définitive, la masse totale du vitellus, ou le jaune des Oiseaux parvenu au terme de son développement ovarien, est à peu près exclusivement constituée par un assemblage de vésicules ou cellules indépendantes, à dimensions variables (1), à contenu granuleux, vésicules qui sont comme autant de réceptacles de matière nutritive. Cette matière se présente, dans la cavité de chacune de ces cellules libres, sous la forme de granulations moléculaires liées entre elles par une

(1) Le volume des grandes vésicules ou cellules du jaune varie en moyenne entre 0mm,02 et 0mm,06 et s'élève quelquefois jusqu'à 0mm,1.

certaine quantité de lymphe albumineuse. Tant que l'œuf n'a point quitté l'ovaire, ni les granulations, ni la lymphe albumineuse ne se montrent jamais libres. Elles sont toujours emprisonnées dans les vésicules mobiles où elles restent en réserve pour servir plus tard à la nutrition du fœtus. Je ne puis, par conséquent, admettre avec M. Lebert (1) qu'il y ait dans le jaune des Oiseaux une grande quantité de granules libres. Ce physiologiste préoccupé de l'idée que les grandes vésicules vitellines se formaient par des *agminations* qui s'entouraient ensuite de membranes enveloppantes, a dû nécessairement supposer que tous les granules ont toujours commencé par être libres. Mais les recherches dont je viens de faire connaître les résultats, démontrent que les choses se passent d'une manière diamétralement opposée. Les granulations ne se groupent pas pour s'envelopper ensuite de parois vésiculaires; elles naissent, au contraire, dans la cavité de vésicules préformées.

Si donc, le vitellus des Oiseaux est, comme je viens de le dire, exclusivement composé de cellules à contenu granuleux, il s'ensuit, que, lorsque l'analyse chimique dégage des matériaux de ce même vitellus les nombreux principes immédiats qu'elle y a découvert, elle n'agit, au fond, que sur les trois parties dont chaque vésicule constituante se compose : 1° sur les parois vésiculaires contenantes; 2° sur les granules moléculaires contenus; et 3° sur la lymphe albumineuse qui, dans la cavité de chaque vésicule, lie ces granules entre eux; ce sont là, en effet, les seuls éléments organiques qui fournissent les produits

(1) *Ann. des scien. nat.*, mai 1844, p. 266 et suivantes.

chimiques que la décomposition du jaune manifeste (1).

J'ai longuement insisté sur la différence qu'il y a entre l'organisation si complexe du vitellus des Oiseaux et la constitution bien plus simple de celui des Mammifères; parce que cette différence deviendra pour nous le caractère distinctif des deux types dans lesquels nous allons voir que toute la série animale se partage. Il y a, en effet, sous le rapport de l'organisation de l'œuf ovarien, deux catégories bien distinctes dont on ne doit point méconnaître l'existence, si l'on veut apprécier convenablement la véritable nature des analogies que les organismes présentent pendant les diverses phases de leur développement.

Dans la première catégorie, qui comprend l'homme, les Mammifères, les Batraciens, les Poissons osseux et tous les Invertébrés, à l'exception des Céphalopodes, les modifications qu'éprouve le vitellus dans l'ovaire se bornent à une multiplication plus ou moins grande des granules, des globules ou des vésicules dont ce vitellus se compose, et la

(1) La proportion des éléments chimiques du jaune d'œuf de poule est, d'après M. Gobley (*Journal de Pharmacie*, 8e série, T. 9, p. 174), pour cent parties, établie de la manière suivante :

Eau	51,486
Vitelline	15,760
Cholesterine	21,304
Acides oléique et margarique	7,226
Chlorures de sodium et de potassium, sulfate de potasse	0,277
Chlorhydrate d'ammoniaque	0,034
Phosphates de chaux et de magnésie	0,022
Extrait de viande	0,400
Ammoniaque, matière azotée, matière colorante, traces d'acide lactique, traces de fer, etc	0,853

vésicule germinative immergée au sein de la masse formée par ces granules, ces globules ou ces cellules, s'y dissout sans qu'on voie jamais apparaître une membrane granuleuse destinée à organiser un blastoderme.

Dans la seconde catégorie, au contraire, à laquelle se rapportent les Oiseaux, les Reptiles écailleux, les Poissons cartilagineux, les Céphalopodes, la vésicule germinative y est toujours saisie dans l'épaisseur d'une couche granuleuse préexistante, et le rudiment du blastoderme, représenté par la cicatricule, attend que la fécondation vienne éveiller en lui l'activité dont il a besoin pour développer l'être nouveau.

Ces deux catégories, fondées sur des caractères différentiels dans l'organisation de l'œuf, présenteront cependant l'une et l'autre le remarquable phénomène de la segmentation du vitellus; mais, pendant que dans celle de ces deux catégories qui comprend l'œuf des Mammifères, des Batraciens, des Poissons osseux et des Invertébrés, cette segmentation s'accomplira sur le vitellus tout entier, elle ne portera, dans celui des Oiseaux, des Reptiles écailleux, des Poissons cartilagineux et des Céphalopodes, que sur la portion réservée de ce vitellus qui forme autour de la vésicule germinative cette accumulation de granules d'où résultent la cicatricule et le blastoderme, accumulation granuleuse qui, au commencement, remplissait, avec la vésicule germinative, toute la cavité de l'œuf.

Si donc, l'on veut avoir une idée exacte du degré d'analogie qu'il y a entre ces deux types, il convient de comparer l'œuf mur du premier avec l'œuf primitif du second. Ce n'est qu'en procédant ainsi qu'on reste dans les limites d'une comparaison légitime, car les termes de cette comparaison cessent d'être identiques dès que, chez les Oiseaux, les Reptiles écailleux, les Poissons cartilagineux, le progrès du développement a compliqué l'organisation du vitellus. Cependant, on peut encore, alors même que, chez ceux-ci, l'œuf est arrivé à son plus haut degré de complication, suivre les analogies; mais, dans ce cas, ce n'est plus dans sa totalité que l'œuf des animaux dont je viens de parler doit être comparé à celui des Mammifères et de l'espèce humaine. Une seule de ses parties peut alors être prise pour objet de comparaison, et cette partie est celle qui est représentée par la cicatricule ou cumulus granuleux. C'est, en effet, cette portion épaissie de la couche granuleuse, possédant à ce moment, comme à son origine, la vésicule germinative à son centre, qui représente le vitellus des Mammifères, des Batraciens, des Poissons osseux et des Invertébrés, ce que démontreront les faits que j'expose plus loin.

Par conséquent, tous les autres matériaux dont le vitellus du type le plus complexe s'augmente, doivent être considérés comme une provision de nourriture, comme une addition qui dissimule une analogie dont il est toujours facile de reconnaître l'existence, quand on sépare les éléments essentiels des éléments secondaires.

C'est là un point de doctrine qu'il sera essentiel d'établir avec la plus grande précision et que je regarde comme l'une des questions fondamentales de l'histoire du développement. Nous aurons donc à nous en occuper sérieusement lorsque nous allons parler de l'origine du germe et du mécanisme de sa formation; mais avant d'aborder ce sujet important, il me reste encore à indiquer les principales différences que présente la substance du vitellus dans les diverses classes.

Chez les Reptiles écailleux, les Poissons cartilagineux et probablement aussi chez les Céphalopodes, c'est-à-dire chez tous les animaux qui ont une cicatricule, la substance du vitellus est constituée par des vésicules ou cellules fort analogues à celles du jaune de l'œuf des Oiseaux; mais, chez les Poissons cartilagineux, ces vésicules ou cellules, au lieu d'être remplies de granules moléculaires comme chez les Oiseaux, renferment des corpuscules quadrangulaires qui semblent caractéristiques du vitellus de ces animaux. Ces corpuscules cristalloïdes, dont on peut facilement constater l'existence dans l'œuf des Raies et des Squales, ont une apparence gélatineuse, une assez grande consistance, sont rayés à leur surface, et quand on les comprime, se fendillent, se cassent en autant de fragments qu'ils offrent de lignes ou de rayures. On dirait des petits cristaux élémentaires qui se séparent d'un cristal plus volumineux dont ils sont les parties intégrantes. Il est même probable que ces fragments se disjoignent naturellement, et que c'est à la faveur d'une sorte de segmentation que ces corps cristalloïdes se multiplient dans chacune des vésicules ou des cellules dont le vitellus des Poissons cartilagineux se compose.

Chez la plupart des Batraciens, le vitellus a une composition qui diffère de celle que je viens d'indiquer. On ne voit, en effet, dans l'œuf des Grenouilles et des Salamandres, ni vésicules, ni cellules; des granules moléculaires ou des globules élémentaires en forment toute la substance. Ces granules ou ces globules, indépendants les uns des autres, sont humectés par une faible quantité de fluide visqueux qui s'écoule avec eux quand on déchire la membrane vitelline. Il y a donc entre le vitellus des animaux dont il s'agit ici et celui des animaux dont j'ai parlé plus haut, cette différence que, dans les uns, les molécules organiques sont renfermées dans des vésicules ou cellules qui leur servent de receptacles, et que, dans les autres, ces molécules sont libres.

L'absence de vésicules ou de cellules se fait aussi remarquer dans le vitellus des Poissons osseux. On n'y rencontre que des globules élémentaires libres; mais ces globules y sont beaucoup moins abondants que chez tous les autres animaux, parce que le fluide albumineux y prend une proportion extraordinaire, du moins à l'époque de la maturité des œufs, car, dès le principe, il n'en est point ainsi. Cette surabondance d'albumine, qui donne au vitellus de ces animaux une apparence aqueuse et le rend très-fluide, n'est pas la seule particularité qui distingue l'œuf des Poissons osseux; il renferme aussi une grande quantité de particules oléagineuses. D'abord éparses, ces particules, à mesure que l'œuf grandit et surtout lorsqu'il est pondu, se confondent entre-elles et forment, par leur réunion, de grosses gouttes d'huile flottantes. Ces volumineuses gouttes d'huile, beaucoup plus légères que le fluide vitellin au sein duquel elles sont plongées, s'élèvent toujours vers la surface quelle que soit la position de l'œuf, et comme elles sont visibles à l'œil nu, le groupe mobile qu'elles forment devient un caractère qu'on ne retrouve dans aucune autre classe de la série. Quant aux globules ou au granules vitellins proprement dits, ils restent uniformément dispersés dans toute l'étendue de l'œuf jusqu'au moment de la ponte; mais après la fécondation, on les voit tous émigrer vers un point déterminé de la surface, et, par un mécanisme dont l'œuf des Poissons osseux offre encore seul l'exemple, constituer le germe, comme nous le montrerons plus loin. Nous verrons alors qu'en raison de cette particularité, le vitellus des Poissons osseux est un intermédiaire entre celui des animaux qui ont une cicatricule distincte du jaune, et celui des animaux dont le vitellus tout entier représente la cicatricule.

Chez les Mollusques gastéropodes, le vitellus est exclusivement granuleux. La membrane vitelline qui l'enveloppe s'évanouit de très-bonne heure, et, malgré sa disparition, les granules n'en restent pas moins unis par la viscosité qui les englue et permet à la petite masse arrondie qu'ils forment, de subir, sans s'égrainer, le phénomène de la segmentation.

L'organisation granuleuse ou globulineuse paraît commune à la plupart des invertébrés. Je n'ai jamais trouvé, en effet, dans le vitellus d'aucune des nombreuses espèces qu'il m'a été possible d'étudier, ni vésicules, ni cellules. Il en est cependant chez lesquelles cette règle semble, au premier abord, rencontrer des exceptions. Ainsi, par exemple, chez les Écrevisses, les Crabes, les Aranéides, la matière vitelline est constituée par des globules transparents, assez volumineux, qu'on est d'abord tenté de prendre pour des vésicules ou des cellules remplies d'une lymphe diaphane; mais quand on les comprime sous le microscope pour essayer d'en faire sortir ce prétendu fluide, au lieu de se déchirer ils résistent et se montrent solides, homogènes, sans cavité intérieure; en un mot, ce sont de simples globules. Ces globules diffèrent des véritables cellules, en ce que celles-ci possèdent toujours une membrane enveloppante distincte du contenu. Il arrive pourtant quelquefois, chez les Araignées surtout, qu'à la surface de ces globules homogènes une paroi membraneuse semble se soulever; mais, en y regardant avec une grande attention, j'ai cru reconnaître que ces simulacres de membranes enveloppantes proviennent tout simplement d'une coagulation accidentelle de la viscosité ambiante; coagulation produite par l'influence prolongée de l'eau, ou le contact de l'air. On ne remarque rien de semblable sur les globules qui n'ont subi aucune altération. Toutefois, s'il y a réellement des exceptions, c'est surtout dans l'œuf de ces animaux qu'on pourra les rencontrer. J'ai vu aussi des apparences de cellules dans le vitellus des Oursins, parmi les êtres inférieurs.

Ainsi donc, en résumé, si les recherches ultérieures confirment celles que je viens de faire connaître, et leur donnent un degré suffisant de généralité, on pourra en déduire les deux propositions suivantes:

1° Chez les animaux qui ont une cicatricule distincte, le vitellus est, dans le plus grand nombre de cas, composé de vésicules ou cellules remplies de matière nutritive qu'elles tiennent en réserve pour le développement du germe. La cicatricule, exclusivement formée de granules ou de globules élémentaires, comme nous allons le dire tout à l'heure, y représente seule ce germe.

2° Chez les animaux qui ont été considérés jusqu'ici comme n'ayant pas de cicatricule distincte, le vitellus tout entier a une constitution fort analogue à celle de la cicatricule. Il ne renferme ordinairement pas de vésicules, se compose le plus souvent comme la cicatricule, de granules ou de globules moléculaires, et, comme la cicatricule, il représente le germe. C'est une proposition dont je vais faire ressortir toute l'importance en m'occupant de la cicatricule ou du germe. Cependant il n'y a rien d'absolu dans cette règle, puisqu'elle présente un certain nombre d'exceptions.

CICATRICULE.

Il y a, comme nous l'avons déjà dit, à la périphérie du jaune de l'œuf des Oiseaux, des Reptiles écailleux, des Poissons cartilagineux, une couche granuleuse plus ou moins mince, qui double la face interne de la membrane vitelline, dont elle n'est séparée que par un épithélium celluleux transitoire. Cette couche granuleuse, que nous avons considérée comme la surface coagulée du vitellus primitif, est partout uniforme, homogène, excepté dans le point de sa paroi où la vésicule germinative se trouve enchâssée. Là, elle est un peu plus épaisse que partout ailleurs, et, dans un espace circulaire assez restreint, mais variable selon les espèces, elle offre une couleur blanchâtre qui résulte de l'entassement plus considérable et probablement aussi de la nature propre des granules qui la composent. Cette modification locale produit, à la surface du jaune, une tache régulière, visible à travers la membrane vitelline, tache qui, plus tard, constituera la cicatricule telle qu'on la connaît dans l'œuf mûr, ou dans l'œuf qui vient de s'engager dans le canal vecteur.

La cicatricule n'est donc, dès le principe et pendant toute la durée du développement ovarien, qu'une portion modifiée, épaissie de la couche granuleuse périphérique du vitellus. Mais, à mesure que l'époque de la maturité de l'œuf approche, et surtout quand sa chute est accomplie, cette portion circulaire, modifiée, épaissie de la couche granuleuse s'individualise davantage, se circonscrit d'une manière plus correcte, se limite plus nettement, pendant que tout le reste s'affaiblit, se résorbe, et finit par disparaître complètement. Dégagée ainsi de la couche granuleuse périphérique dont elle procède, la cicatricule, a une existence propre, indépendante. Elle forme alors un disque granuleux très-mince, régulièrement circulaire, reposant sur le jaune de l'œuf par l'une de ses faces et recouverte, de l'autre, par la membrane vitelline, dont une sorte d'épithélium transitoire la séparera encore jusqu'après la ponte. La place qu'elle occupe à la surface du jaune ne varie jamais. Elle est toujours appliquée à l'extrémité d'une sorte de canal vitellin qui, du centre de l'œuf, vient aboutir à la surface, et se trouve ainsi en communication directe avec la matière particulière que ce prétendu canal renferme.

Le disque granuleux que la cicatricule représente n'a ordinairement chez les Cheloniens, les Oiseaux en général, et en particulier chez la Poule, pas plus de quatre ou cinq millimètres de diamètre; il en a jusqu'à huit ou dix chez les Lézards et les Serpents. La vésicule germinative, logée au centre de ce disque, y est enchâssée comme une pierre précieuse dans son chaton, y est visible et saillante en-dessus et en-dessous. Elle s'y montre si diaphane par rapport aux granules blancs qui l'entourent, que sa présence y simule une petite ouverture. C'est même là ce qui explique comment certains physiologistes ont pu être conduits à admettre qu'il y avait, dans l'œuf, un trou destiné à laisser passer l'animalcule spermatique pendant l'acte de la conception. La présence de cette vésicule rend le centre de la cicatricule plus épais que la circonférence. Elle produit à sa face inférieure une sorte d'éminence ou de mamelon désigné par M. Purkinje sous le nom de *cumulus* et par Pander sous celui de *noyau*. Guidé par des idées qui lui sont propres, M. Baer a proposé de donner à la cicatricule tout entière le nom de *couche proligère* (*stratum proligerum*), parce qu'elle lui semble avoir les rapports les plus intimes avec le développement du blastoderme. Il a distingué ensuite dans cette couche proligère, et a désigné par des noms particuliers, la partie centrale, ou le *cumulus*, et la circonférence, *ou le disque;* car il suppose que, chez certaines espèces, ces parties peuvent exister séparément. C'est à l'aide de cette distinction qu'il a cherché à montrer les analogies et les différences que l'organisation de l'œuf présente dans les animaux des diverses classes de la série. Chez les uns, comme les Oiseaux, par exemple, il trouve une cicatricule complète, composée d'un cumulus et d'un disque proligère; chez d'autres, comme les Batraciens, il croit avoir reconnu un cumulus tout-à-fait distinct et séparé du disque. Cette tentative de généralisation est la première et je pourrais même dire la seule qui se soit produite dans la science, et les recherches innombrables que son illustre auteur a faites pour l'instituer, ont puissamment contribué au progrès de nos connaissances; mais la solution du problème est restée cachée jusqu'au moment où la découverte de la segmentation de la cicatricule m'en a révélé le secret.

Les matériaux dont la cicatricule se compose sont extrêmement simples. Il n'y a dans son sein que des globules élémentaires assez petits, et de volume différent; ces globules sont liés entre eux par un fluide diaphane, visqueux, gluant, qui les tient agglutinés en une couche membraneuse circulaire, plus épaisse au centre qu'à la circonférence tant que la vésicule germinative y est enchâssée; mais partout également homogène et mince quand elle s'est dissoute. Elle s'égraine assez facilement chez les Oiseaux, les Cheloniens, les Poissons cartilagineux, lorsqu'on l'agite dans l'eau, et alors on peut constater d'une manière évidente sa composition intime. On voit positivement qu'il n'y a encore en elle aucune trace d'organisation cellulaire, et si plus tard elle se manifeste, ce n'est jamais qu'après la conception, car tant que l'œuf n'en a point subi l'influence, aucune cellule ne se développe dans le germe. Ce germe est donc constitué par des matériaux susceptibles de revêtir la forme cellulaire; mais il ne la possède point encore. Chez les Lézards et les Serpents les éléments constitutifs de la cicatricule ne se désagrègent pas aussi facilement que chez les Oiseaux; ils sont beaucoup plus cohérents, et la viscosité qui les englue fortement, semble se condenser encore davantage par l'action de l'eau. Cependant une compression lente et graduée les désunit, sous le microscope, de manière à permettre de distinguer leurs rapports réciproques, et, sauf la densité de la matière visqueuse unissante, et la quantité plus grande de globules élémentaires, il n'y a rien qui ne soit tout à fait conforme à ce que nous venons de constater chez les Oiseaux, les Chélonnies et les Poissons cartilagineux.

Envisagée sous ce rapport, la cicatricule présente donc une grande analogie de composition et de tendance avec le vitellus de l'espèce humaine, des Mammifères, des Batraciens, des Poissons osseux et des Invertébrés. Cette analogie, qu'une simple conformité de structure ne peut suffire à mettre en lumière, devient incontestable quand on remonte aux premiers temps de l'existence de l'œuf. On voit alors que les éléments destinés à former la cicatricule sont à peu près les seuls qui constituent le vitellus primitif des Oiseaux, des Reptiles écailleux, des Poissons cartilagineux; ils sont les seuls qui se rencontrent, dans l'œuf, autour de la vésicule germinative. Plus tard, ils se concentrent à la surface, y sont tenus en réserve pendant que le jaune proprement dit se développe pour servir à la nutrition du germe dont ils sont les uniques représentants. Il y a donc dans l'œuf des Oiseaux, des Reptiles écailleux, des Poissons cartilagineux, etc., un élément fondamental, qui est la cicatricule, et un élément accessoire qui est le jaune.

Quand on se place à ce point de vue, il devient évident que si, dans le reste de la série, un de ces deux éléments de l'œuf vient à manquer, ce ne peut être que l'élément accessoire; car l'élément fondamental ne peut jamais faire défaut. Nous sommes donc par là rigoureusement conduits à admettre que, chez l'espèce humaine, les Mammifères, les Poissons osseux, les Batraciens, les Invertébrés, dont le vitellus tout entier, ou presque tout entier, est directement employé à construire le germe, ce vitellus doit être considéré comme le représentant de la cicatricule qui, dans l'œuf des animaux de la première catégorie, forme seule ce germe. Cette analogie est tellement dissimulée par le progrès du dévoloppement qu'elle a été jusqu'ici complétement méconnue; ou, si l'on en a eu quelque vague soupçon, aucun motif sérieux n'a été invoqué pour la faire prévaloir. Mais depuis que j'ai découvert qu'avant de s'organiser en blastoderme, la cicatricule devient seule, comme le vitellus des autres animaux, le siége d'une segmentation préalable, et que le jaune reste complétement étranger à l'accomplissement de ce phénomène, la comparaison a pris tous les caractères d'un fait.

Cette découverte, en modifiant profondément les idées admises sur la signification des diverses parties de l'œuf, efface toutes les exceptions que l'ancienne doctrine était obligée d'accepter. Elle montre que l'organisation du germe s'accomplit dans les diverses classes de la série par un mécanisme partout identique. J'y attache, par conséquent, une grande importance, non-seulement à cause du fait en lui-même, mais parce que ce fait conduit à une généralisation.

VÉSICULE GERMINATIVE.

La vésicule germinative est une des parties constituantes de l'œuf. Découverte par M. Purkinje, dans la cicatricule de l'œuf des Oiseaux (1), son existence, successivement reconnue dans presque toutes les classes de la série (2), ne fut démontrée, chez l'espèce humaine et les Mammifères, que lorsque le résultat de mes recherches eût fait disparaître la grande exception que la doctrine de M. Baer avait consacrée.

Ce physiologiste éminent, convaincu, par une longue série d'observations, que l'ovule des vertébrés supérieurs, dont la science lui doit la découverte, ne renfermait réellement pas de vésicule germinative, imagina, pour le faire entrer dans la règle commune à laquelle l'absence de cette vésicule semblait le dérober, une singulière théorie. Il considéra la cap-

(1) *Symbolæ ad ovi Avium historiam ante incubationem*, 1825, septemb. Ce mémoire, publié en l'honneur du cinquantième anniversaire du doctorat de M. Blummbach, a été repandu seulement par l'échange qui se fait entre les universités. Mais, en 1828, l'auteur en a donné une seconde édition, qui se trouve dans le commerce.

(2) Baer, *Lettre sur la formation de l'œuf*, trad. franç.

sule de l'ovaire (la vésicule de Graaf) comme l'analogue de l'œuf des Oiseaux, et l'ovule lui-même comme faisant fonction de vésicule germinative par rapport à cet œuf supposé. Mais comme l'ovule de la femme et des Mammifères qui, par hypothèse, représente, dans cette théorie, la vésicule du germe, n'a pas la même destination que cette dernière, l'auteur, dominé par les conséquences de la fausse doctrine qu'il instituait, fut obligé d'admettre une exception beaucoup plus grave encore que celle qu'il cherchait à faire disparaître; car, pour que la comparaison eût été légitime, il aurait fallu que la vésicule de Graaf se détachât de l'ovaire pour servir de domicile à l'Embryon, et qu'à l'époque de la conception l'ovule s'évanouit comme la vésicule germinative dont on le supposait le représentant. Ni l'une ni l'autre de ces conditions n'existe. La vésicule de Graaf est une partie intégrante de l'ovaire, qui s'oblitère quand l'ovule qu'elle renferme s'en est échappé, et l'ovule lui-même persiste pour donner naissance à l'Embryon.

Cependant, malgré toutes ces difficultés, M. Baer n'en persévéra pas moins dans sa théorie, tant il avait la conviction que l'ovule de l'espèce humaine et des Mammifères ne possédait pas de vésicule germinative; et, pour que sa doctrine présentât toutes les conditions nécessaires pour la faire prévaloir, il développa avec le plus grand soin tous les motifs qui le déterminèrent à l'introduire dans le domaine de la science. Je me bornerai à reproduire ici quelques passages des deux mémoires qu'il a consacrés à l'établissement d'une théorie à laquelle il attachait la plus grande importance. Voici comment il s'exprime : « Je ferai voir que » les ovules des Mammifères doivent être assimilés à la vési-

» cule de Purkinje, offerte par les autres animaux. On peut » donc, si l'on a égard à l'ovaire et au corps maternel » en général, dire que la vésicule de Graaf constitue » l'œuf des Mammifères. Quant à l'évolution de cet œuf, » elle diffère grandement de celle de l'œuf des autres ani- » maux chez lesquels le noyau de l'œuf sort tout entier de » l'ovaire, non-seulement pour servir d'habitation au fœtus » futur, mais pour se transformer lui-même en fœtus. Dans » les Mammifères, au contraire, la vésicule incluse dans la » vésicule de Graaf (l'ovule) contient un vitellus plus déve- » loppé et se montre être le véritable œuf, par rapport au » fœtus futur. On pourrait dire que c'est l'œuf fœtal dans » l'œuf maternel. Les Mammifères ont donc un œuf dans » un œuf, ou, s'il est permis de s'exprimer ainsi, un œuf » élevé à la seconde puissance.

» C'est là, poursuit M. Baer, l'essence la plus intime de » l'œuf des Mammifères; et ce rapport a peut-être une » cause plus profonde que l'on ne le pense de prime abord. » Tandis que les Embryons de la plupart des animaux sont » couvés dans l'univers extérieur, l'Embryon des Mammi- » fères trouve son berceau dans le sein de la mère; c'est un » animal dans un animal, comme il y avait précédemment » un œuf dans un œuf.

» Après avoir exposé, ajoute l'auteur, comment la vési- » cule du germe dans les Mammifères se transforme en œuf, » je ne puis m'empêcher de revenir à l'hypothèse d'après » laquelle la vésicule du germe serait l'organe auquel est » attaché la force génératrice de la femelle. En effet, si la » vésicule du germe a la faculté de devenir œuf, son anta- » gonisme avec le sperme n'est pas aussi manifeste, et l'on

» pourrait être tenté de nier même la concordance de l'ovule » des Mammifères avec la vésicule du germe des autres ani- » maux, et de considérer cette dernière comme un essai » imparfait qui ne signifirait rien par lui-même et qui n'au- » rait de valeur que dans le développement supérieur de » l'œuf des Mammifères. Mais nous avons déjà fait voir, à » plusieurs reprises, que, sous le rapport anatomique, l'ovule » des Mammifères ne se distingue de la vésicule du germe » que par un développement plus parfait. Un mot suffira » pour démontrer la concordance physiologique, etc., etc.(1) »

On peut donc en juger par les passages que je viens de citer, M. Baer n'a été évidemment conduit à une semblable doctrine qu'à cause de l'impossibilité où il s'est trouvé de découvrir, dans l'ovule de l'espèce humaine et des Mammifères, l'existence d'une vésicule germinative. Je ne pouvais me dispenser d'en donner ici la preuve irrécusable, parce que, d'une part, je démontre ainsi l'erreur de ceux qui ont prétendu qu'il l'avait aperçue, et que, de l'autre, j'établis d'une manière précise quel était le point où se trouvait la science lorsque j'ai fait connaître la vésicule dans l'œuf des vertébrés supérieurs. Cette découverte ne fut pas seulement alors l'introduction d'un fait nouveau dans le domaine de nos connaissances, mais surtout un changement de direction. Si la doctrine de M. Baer avait prévalu, elle aurait accrédité le préjugé qu'il pouvait y avoir, dans le développement de l'homme, des Mammifères et celui des autres animaux, des différences fondamentales, puisque, d'après sa théorie, l'œuf primitif en présenterait de si

(1) *Lettre sur la formation de l'œuf*, trad. franç., p. 21, 33, 36.

grandes. Je crois donc avoir, sous ce rapport, rendu un service sérieux à la science, si j'en juge surtout par les tentatives qu'on a faites en Allemagne pour attribuer à d'autres l'honneur de cette découverte. On m'a d'abord accusé d'avoir copié M. Baer; mais comme j'avais émis des idées diamétralement opposées à celles de ce grand physiologiste, tout le monde a bientôt fait justice d'un reproche sans fondement, et les critiques inconvenantes de M. Robert Froriep ont été vivement repoussées par M. Bernhardt, dans sa thèse inaugurale (1). Ce premier reproche étant écarté, on a cherché ensuite si l'on ne pourrait pas revendiquer pour d'autres observateurs ce qu'il était impossible d'accorder à M. Baer. On a prétendu alors que la découverte avait été faite en même temps, *ou presque en même temps*, en France par M. Coste, en Allemagne par M. Bernhardt, en Angleterre par M. Warthon Jones. En ce qui concerne M. Bernhardt, je me contenterai de renvoyer à la préface de l'auteur, où il déclare lui-même que son travail a été entrepris pour vérifier si mes observations étaient exactes. Quant à M. Warthon Jones, il me suffirait de dire que sa publication est d'une année postérieure à la mienne, si je ne pouvais ajouter aujourd'hui que ce physiologiste a complètement reconnu mes droits à la priorité, puisque dans son rapport sur l'ovologie (2), publié en 1843, il n'élève aucune prétention à ce sujet, et m'attribue la découverte.

Parmi les auteurs qui ont soulevé cette question de priorité, M. Bischoff se trouve celui qui s'en est le plus souvent et le plus vivement préoccupé dans ses écrits. Je suis per-

(1) *Symbolæ ad ovi Mammalium hist.* p. 25.

(2) *British and foreign. medical Review*, n° 32.

suadé que l'amour de la justice a toujours été son seul mobile; mais je dois avouer qu'il m'a été impossible jusqu'ici de bien pénétrer, sur ce point, le fond de sa pensée. Je craindrais, par conséquent, d'en être le traducteur infidèle si je me permettais d'en interpréter le sens réel. Je me bornerai donc à copier textuellement quelques passages de son livre, afin qu'on puisse juger du degré de confiance qu'il faut accorder, en général, aux opinions de cet observateur.

Il dit d'abord dans sa préface (1) que je « partage la dé» couverte de la vésicule germinative avec Warthon Jones, » qui, de plus, a mieux connu que moi l'œuf ovarique. » Plus loin, cependant (2), il infirme cette assertion de la manière la plus formelle. « Nous ne pouvons, dit-il, refu» ser à Coste d'avoir *le premier démontré, dans l'œuf des* » *Mammifères*, un organe de la plus haute importance » pour l'interprétation exacte de cet œuf et de ses parties, » je veux dire la vésicule germinative. » Mais comme s'il regrettait d'avoir rendu hommage à la vérité, il ajoute quatre lignes plus bas : « On pourrait fort bien soutenir » aussi que Baer a fait cette découverte. » Puis, oubliant sans doute la phrase que je viens de citer, il déclare bientôt (3) que « les idées de Baer sur les parties de l'œuf, » conservent à peine aujourd'hui quelque poids à cause de » l'ignorance dans laquelle il était de la vésicule germi» native. »

(1) *Traité du développement des Mamm. et de l'Homme* ; Encyclop. Anat., p. X de la préface.

(2) Même ouvrage, p. 6 du texte.

(3) Même ouvrage, p. 13, *id*.

En vérité, si je n'avais sous les yeux l'ouvrage de M. Bischoff, je n'aurais jamais supposé que le même homme put réunir, en quelques pages, d'aussi choquantes contradictions. Il me suffira, j'espère, de les avoir signalées pour en faire justice; car il n'y a là évidemment rien de sérieux et qui mérite de nous arrêter plus longtemps, je reviens donc à mon sujet.

La vésicule germinative est une vessie close, toujours sphérique dès l'origine, mais subissant, chez un grand nombre d'espèces, à mesure qu'elle approche de sa maturité, une dépression ou un aplatissement plus ou moins prononcé, comme on peut facilement le constater sur celle des Oiseaux, des Reptiles, des Batraciens, des Poissons cartilagineux. Sa cavité est ordinairement remplie d'un fluide albumineux, très-limpide, ou finement granulé, dans beaucoup de cas homogène, mais le plus ordinairement tenant en suspension soit un corpuscule unique, comme dans l'espèce humaine, les Mammifères en général, la plupart des Mollusques gastéropodes, les Oursins, les Ascidies composées, etc.; soit des corpuscules multiples, comme chez les Lézards, les Tortues, les Squales parmi les Poissons cartilagineux, un très-grand nombre de Poissons osseux, les Crustacés décapodes, etc. Ces corpuscules, sur la destination desquels nous aurons à nous expliquer tout à l'heure, se présentent tantôt sous la forme de vraies cellules ou de globules; d'autrefois, et c'est le fait plus fréquent, ils paraissent résulter du groupement d'un certain nombre de granules. Je dirai encore que chez les animaux où ces corpusucles sont multiples, leur nombre est d'autant plus grand et leur volume, en général, d'autant plus petit, que l'œuf est plus près du terme de sa maturité. La paroi de la vésicule germinative, toujours simple, pellucide, très-mince, fragile, en quelque sorte gélatineuse, offre cependant, dans quelques cas, une assez grande résistance à la pression. Elle est si élastique chez les Raies, les Squales, par exemple, qu'on peut l'aplatir sensiblement sans qu'elle se rompe, et on la voit revenir à sa forme normale dès qu'on cesse de la comprimer.

La vésicule germinative naît de très-bonne heure; non-seulement on la trouve dans les œufs les plus petits que l'on puisse observer, mais elle y a déjà acquis un volume assez considérable pour y occuper plus de la moitié de leur cavité. Son évolution est donc un phénomène primordial, très-rapide. Elle a déjà parcouru les principales phases de son développement avant que l'œuf qui la renferme ait, pour ainsi dire, commencé le sien. Bientôt, cependant, son accroissement se ralentit et celui de l'œuf prend alors une telle proportion, qu'elle finit par ne plus y occuper qu'une place très-restreinte. Il ne faudrait pourtant pas croire pour cela que la vésicule germinative reste complètement stationnaire. Elle grandit encore et, dans un très-grand nombre d'espèces, au moins, son contenu , comme je viens de l'indiquer, subit des modifications appréciables; mais sa croissance est désormais si faible, si lente, que, lorsqu'on la compare à l'extension rapide qu'elle a pris dès l'origine, et surtout à celle que l'œuf acquiert ensuite, on est tenté de croire qu'elle a définitivement parcouru toutes ses phases.

Son volume varie d'une manière notable dans les diverses classes de la série. Chez les espèces où elle atteint les plus grandes dimensions, comme les Poissons cartilagineux, par exemple, son diamètre ne dépasse pas, en général, même dans l'œuf mûr, un demi-millimètre. Chez les Oiseaux, les Reptiles écailleux, elle a un quart ou un tiers de millimètre tout au plus. Chez la femme et les Mammifères elle n'a qu'un vingtième de millimètre, car l'ovule, chez eux, est plus petit que la vésicule germinative des animaux dont je viens de parler. En général, elle est donc extrêmement petite par rapport à l'œuf qui la renferme, et même par rapport à la cicatricule au centre de laquelle elle est enchâssée (1).

L'existence de cette vésicule dans les plus petits œufs, et son développement précoce, firent supposer à M. Purkinje qu'elle constituait le rudiment de l'œuf, et M. Baer (2), en commentant l'opinion de son prédécesseur, admit positivement qu'elle était, en réalité, la première partie formée, au tour de laquelle venaient ensuite se déposer le vitellus et la membrane vitelline. Ce qui contribua surtout à faire prévaloir cette hypothèse, c'est que la vésicule semble, en effet, occuper, dès les premiers moments, le centre du vitellus au sein duquel elle est plongée; vitellus qui est alors assez peu abondant pour ne former à sa périphérie qu'une couche très-

(1) On accorde, de nos jours, une importance telle aux mesures micrométriques, qu'un travail qui n'en contiendrait pas perdrait peut-être de sa valeur. Aussi, pour me conformer à l'usage et pour ne pas encourir le reproche d'avoir négligé un seul des éléments de l'ovologie, j'ai du donner dans l'explication des planches qui accompagnent cet ouvrage, des mesures exactes de toutes les parties qui constituent l'œuf. Mais je déclare, dès à présent, que je l'ai fait avec la persuasion que toutes ces minutieuses différences de volume ne peuvent conduire à aucun résultat scientifique important et ne seront jamais que d'un faible secours pour éclairer l'histoire du développement. Les différences tirées de l'organisation des diverses parties qui entrent dans la composition de l'œuf, ont, à mes yeux, une importance plus grande que celle de leur volume.

(2) *Lettre sur la formation de l'œuf*, p. 28 et 44.

légère. Cependant la position de la vésicule germinative n'est pas aussi rigoureusement centrale qu'un examen superficiel pourrait le faire croire. Il y a là une cause d'erreur à laquelle on a cédé d'autant plus volontiers, qu'on était plus vivement préoccupé du désir de trouver une explication. Pour se rendre compte du véritable état des choses, il ne faut pas oublier qu'à cette époque primordiale, la vésicule germinative a, par rapport à l'œuf, un volume proportionnel très-considérable; qu'elle n'est séparée de la membrane vitelline, dont elle occupe plus de la moitié de la cavité, que par une faible couche interposée de vitellus, et que, pour peu que cette couche soit plus épaisse d'un côté que de l'autre, la position réelle de la vésicule sera mathématiquement excentrique, quoique très-rapprochée du centre. C'est là précisément ce qui a lieu : et, comme dans le langage usuel l'on prend assez facilement une approximation pour un fait absolu, on s'est contenté d'un *à peu près* et l'on a dit que la vésicule germinative était centrale, parce qu'elle se trouve dès l'origine très-rapprochée du centre. Mais si, d'un côté, en donnant à la vésicule germinative une position centrale, on prêtait un argument de plus à la théorie de la formation de l'œuf, de l'autre, on créait une difficulté pour l'intelligence d'un phénomène devant lequel toutes les tentatives d'explication ont échoué; car cette position centrale étant admise, il restait ensuite à concevoir comment il pouvait se faire que cette vésicule centrale se trouvât plus tard à la surface.

Deux hypothèses ont été proposées pour expliquer cette émigration supposée. Dans la première, l'on a admis que la vésicule germinative quittait le centre du vitellus sous l'influence exclusive de sa pesanteur spécifique, qu'elle allait ainsi, à la surface, se loger dans la cicatricule, ou se mettre en contact avec la membrane vitelline. Mais pour qu'une semblable explication eût la simple apparence de la réalité, il faudrait au moins que la vésicule germinative vînt toujours aboutir au point le plus déclive de l'œuf, si on la suppose plus pesante que le fluide qui la renferme, ou au point le plus élevé, si on la suppose plus légère. Or, comme il arrive que, dans un très-grand nombre de cas, elle occupe des positions diamétralement opposées, il s'ensuit que cette théorie ne peut pas être prise en sérieuse considération.

Dans la seconde hypothèse, on a supposé que de la paroi interne de la membrane vitelline il se détachait un appendice prolongé jusqu'au centre de l'œuf; que cet appendice renfermait la vésicule dans son extrémité libre, et qu'en se rétractant successivement il l'entraînait vers la surface, comme le *gubernaculum* entraîne le testicule vers la bourse qui doit le recevoir. Cette explication ne repose pas plus que la première sur les données de l'expérience. Elle n'est au fond qu'une tentative de l'esprit, qui laisse le problème tout entier à résoudre.

Cependant, si au lieu de se livrer à des conjectures sur les moyens de se rendre compte d'un fait mal observé, on avait tout simplement regardé l'ordre de succession des phénomènes que l'œuf présente dans son premier développement, l'on aurait découvert, sans trop de difficulté, le mouvement bien simple de ce mystérieux mécanisme. Ce que j'en ai dit en parlant des transformations du vitellus, a déjà préparé tous les éléments d'une solution, et je vais la compléter ici, afin que nous soyons ainsi conduits à bien apprécier le mode de formation de la cicatricule, l'origine des matériaux qui entrent dans sa composition, la part qu'ils prennent à l'organisation du blastoderme et le rôle que joue la vésicule germinative, ou son contenu, au sein de ces matériaux.

J'ai dit plus haut que la vésicule germinative existe dans les œufs les plus petits, et qu'elle y a déjà pris un assez grand développement pour occuper plus de la moitié de leur cavité. Elle y est logée au sein du vitellus naissant, qui s'y trouve alors en si faible quantité, je le répète, qu'il ne forme autour de cette dernière qu'une couche peu épaisse, limitée extérieurement par la membrane vitelline. Au lieu d'avoir, comme on l'a supposé à tort, une position rigoureusement centrale, elle est toujours un peu déviée vers la circonférence, et si cette excentricité ne paraît pas d'abord d'une manière très-sensible, c'est que la vésicule est proportionnellement très-grande. Mais bientôt le progrès du développement rend le fait si évident, qu'il est impossible de s'y méprendre.

Chez un grand nombre d'animaux les choses restent à peu près en cet état, jusqu'au moment de la complète maturité de l'œuf. La vésicule germinative y reste plongée dans le vitellus, et n'a avec lui d'autre rapport que celui que je viens de signaler. L'espèce humaine, les Mammifères, les Batraciens, les Poissons osseux et les Invertébrés se trouvent dans cette catégorie. Le vitellus s'y accroît, mais ne se complique pas.

Il en est d'autres, au contraire, tels que les Oiseaux, les Reptiles écailleux, les Poissons cartilagineux, dont le vitellus subit des transformations plus nombreuses. Chez ceux-là, il s'établit entre la vésicule du germe et le jaune, qui se modifie davantage, des rapports plus compliqués. La périphérie du vitellus naissant se convertit en une couche granuleuse cohérente. Cette couche n'a pas partout la même épaisseur; il y a un point de son étendue où elle est si épaisse, que presque toute la portion centrale du vitellus primitif contribue à en former la paroi. Or, comme c'est précisément là que la vésicule germinative se trouve logée, il s'ensuit qu'elle est saisie dans la paroi membraneuse qui résulte de cette coagulation périphérique.

Ainsi enchâssée, la vésicule germinative occupe toujours, par rapport au centre de l'œuf, la position relative qu'elle avait auparavant; car le point plus épais de la membrane granuleuse dans lequel elle est comprise, fait une notable saillie vers le centre du jaune. Les choses resteront en cet état tant que l'ovule n'aura pas plus d'une ligne de diamètre; mais, à mesure que le développement se poursuivra, les rapports changeront, du moins en apparence. La couche granuleuse, qui enveloppe le vitellus tout entier, se dilatera peu à peu, comme la membrane vitelline dont elle double la face interne, et il en résultera que tous les points de cette couche enveloppante s'éloigneront d'autant plus du centre de l'œuf, que cet œuf prendra un plus grand volume. Il arrivera aussi que la vésicule germinative, sans avoir en réalité changé de place, se trouvera loin du lieu qu'elle occupait d'abord, non pas parce qu'elle aura marché, mais parce que la couche granuleuse dans l'épaisseur de la paroi de laquelle elle est comprise, se sera dilatée en une sphère plus grande. Toutes les théories que l'on a proposées pour faire comprendre comment cette vésicule émigrait, si l'on peut ainsi dire, et marchait du centre vers la périphérie, ont donc été imaginées pour expliquer un mouvement qui n'a pas lieu. La vésicule germinative ne change réellement pas de place; elle est toujours assujettie à la surface par la couche granuleuse du vitellus qui la retient captive dans l'épaisseur de sa paroi, c'est-à-dire dans cette portion qui constitue la cicatricule.

En définitive, dans l'œuf mûr des animaux qui ont une cicatricule, c'est au centre de cette dernière que la vésicule germinative se trouve enchâssée. Dans l'œuf mûr des animaux dont le vitellus remplit la fonction de cicatricule, c'est au sein même de ce vitellus, et plus ou moins près de sa surface que la vésicule germinative est logée. Voyons maintenant ce qu'elle devient dans l'un et l'autre cas.

FONCTIONS ATTRIBUÉES A LA VÉSICULE GERMINATIVE.

L'existence de la vésicule germinative dans le vitellus de presque tous les animaux, sa position au centre de la cicatricule de l'œuf des Oiseaux, des Reptiles écailleux, des Poissons cartilagineux, des Cephalopodes, ne pouvait manquer de faire supposer qu'elle jouait le plus grand rôle dans l'acte de la génération, et c'est pour cela que Purkinje, après l'avoir découverte, lui imposa le nom qu'elle a conservé jusqu'à ce jour. Il était naturel de croire que, puisqu'elle occupe la place même où vont se développer les premiers linéaments de l'organisme, elle était l'élément essentiel qui devait le produire, ou, pour me servir de l'expression de M. Purkinje, qu'elle était le *germen fœmineum.* « *Habet itaque cicatricula ovi ovarii partem specialem et sibi propriam, vesiculam sphæricam subcompressam, membranula tenerrima constantem, lympha propria, fors generatrice*

» *repletam, inde vesiculam germinativam appellaverim* (1). »
Il semblait naturel d'admettre, en un mot, que la semence du mâle venait se combiner avec la lymphe que cette vésicule renferme, et que l'être nouveau était le résultat de ce mystérieux mélange. Telle est, en effet, comme nous allons le voir, la pensée qui a dominé tous les physiologistes, sans que pourtant aucun d'eux ait jamais apporté aucune preuve directe en faveur de l'opinion qu'ils ont tous partagée.

Sous l'influence de l'idée que la vésicule germinative se déchirait au moment où l'œuf s'engageait dans l'oviducte, M. Purkinje dit que, s'il était permis d'attribuer un semblable phénomène à une cause purement mécanique, il supposerait volontiers que le vitellus, comprimé par les contractions musculaires de l'*infundibulum*, transmettrait à la vésicule l'effort qui en déterminerait la rupture. Cependant, en proposant une semblable explication, cet observateur judicieux, convaincu que les hypothèses ne peuvent suffire pour combler les lacunes des observations, exprime le vœu qu'on se livre à de nouvelles recherches. Il crut d'abord que le contenu de la vésicule, rompue par les contractions de l'oviducte, s'épanchait et que sa lymphe, mêlée avec la substance du cumulus, formait le *colliquamentum* à granules blancs qu'on observe dans la cicatricule des œufs détachés de l'ovaire. « *Videtur itaque vesicula, dum vitellus semifluidus ab » infundibulo excipitur, a contractionibus oviductus dis- » rumpi aut dissolvi, atque ejus lympha cum substantia » colliculi ita misceri, ut inde colliquamentum illud cum » granulis albis enascatur, a residuo colliculi nucleus for-*

(1) *Symbolæ ad ovi avium*, p. 3.

metur (1). » Mais, d'après cette manière de voir, les granules blancs ne devraient exister que lorsque la lympe de la vésicule germinative aurait contribué à les produire. Or, comme l'expérience démontre que la cicatricule en est pourvue, dans l'ovaire, bien longtemps avant cette époque, on doit supposer que cette opinion de M. Purkinje, sur la destination de la vésicule germinative, est plutôt une conception de son esprit que le résultat d'une observation rigoureuse. Aussi, au moment même où il publiait son travail, ce physiologiste conçut des doutes sur l'exactitude de sa théorie et, au bas de la page qui renferme le passage que je viens de reproduire, il propose, dans une note, de substituer une nouvelle hypothèse à la première. Il suppose alors que la vésicule germinative ne s'évanouit point, qu'elle s'aplatit seulement, met ses deux hémisphères en contact, forme ainsi le centre du blastoderme et s'étend en double membrane. « *Veresimilius jam » nunc mihi videtur, vesiculam blastoderma centrale umbro- » sum, de quo prius sermo erat, constituere, ejusque hemi- » sphæria in membranam duplicem dilatari.* » Une semblable hésitation était bien naturelle; car il s'agissait d'une question difficile et que la découverte de la vésicule germinative soulevait pour la première fois.

M. Baer adopta la première opinion de M. Purkinje, et, comme cet observateur, il admit que la vésicule germinative se dissolvait; mais il refusa de croire que ses débris donnassent naissance aux granules blancs de ce que l'on désignait sous le nom de *colliquamentum* (2). Il émit, à son tour, une

(1) *Symbolæ ad ovi avium*, p. 4.

(2) Baer, *Lettre sur la formation de l'œuf*, trad. franç., p. 30.

hypothèse dont il laissa le soin de la vérification aux observations ultérieures. Il pensa que la vésicule du germe était la première partie de l'œuf dans l'ordre des formations, et la plus importante quant à la fonction. « Je pense que la vé-» sicule de Purkinje est la partie importante de l'œuf, qui » remplit, chez la femelle, la fonction correspondante à » celle que remplit le sperme du mâle. Peut-être réussirons-» nous plus tard à démontrer que les rapports de formation » de la vésicule du germe et de l'animalcule spermatique, » concordent ensemble. Nous croyons avoir entr'ouvert un » coin du voile qui couvre ce mystère; toutefois nous ne » sommes pas encore assez avancé pour en dire davantage (1). » Il se fonde, pour soutenir cette thèse, sur ce que, après la fécondation, le blastoderme se développe à l'endroit même où s'épanche le liquide de la vésicule germinative, et cet argument lui paraît suffisant pour faire supposer que la semence du mâle vient se mêler avec ce même liquide, dont la mise en liberté n'aurait pas d'autre but. Mais lorsqu'il s'agit de définir, d'une manière précise, la part que le contenu épanché de la vésicule germinative peut prendre à la formation du blastoderme, les incertitudes de M. Baer ne sont pas moins grandes que celles de M. Purkinje, et j'oserai même dire que son travail, remarquable sous tant de rapports, n'est peut-être pas exempt d'une certaine confusion. On est d'abord tenté de croire qu'il fait procéder le blastoderme du simple mélange du fluide épanché de la vésicule germinative avec la semence du mâle; car il s'exprime de la manière suivante: « Nous savons que la vésicule du germe,

(1) *Lettre sur la formation de l'œuf*, trad. franç., p. 31 et 57.

» en se rompant, épanche nécessairement ce qu'elle contient » entre le vitellus et la membrane vitellaire, et que c'est en » cet endroit, qu'après l'impression opérée par le sperme, se » développe le blastoderme, soit que la couche proligère (la » cicatricule) concoure immédiatement ou pas du tout à ce » développement (1). »

Mais il ajoute immédiatement des réflexions qui, sans exclure complètement cette idée, laissent l'origine du blastoderme dans une obscurité profonde. « Il est certain que le » blastoderme n'est pas un précipité formé du contenu de la » vésicule du germe; pour cela cette dernière est beaucoup » trop petite; il faut, au contraire, que la substance pour le » blastoderme provienne de la couche *proligère ou du vitel-» lus;* le liquide de la vésicule du germe ne donne à cette » substance que la faculté de se détacher, après l'impression » du sperme, qui doit agir à travers la membrane vitel-» line. » Ainsi donc, tout en attribuant au contenu de la vésicule germinative une grande part, M. Baer ne suppose pas qu'il forme seul le blastoderme. D'autres matériaux lui paraissent nécessaires, sans qu'il puisse dire si c'est la cicatricule ou le vitellus qui les fournissent. La question fondamentale du développement, c'est-à-dire l'origine du germe, reste, par conséquent, tout entière à résoudre. Il faudra traverser, nous allons le voir, une longue série de systèmes compliqués avant d'arriver à l'idée simple et vraie, à celle qui considère la cicatricule ovarienne comme la base du blastoderme.

M. Wagner se prononça aussi pour la dissolution de la

(2) *Lettre sur la formation de l'œuf*, p. 56.

vésicule germinative ; mais au lieu d'admettre, à l'exemple de MM. Purkinje et Baer, que son contenu tout entier prenne part à la formation du germe, il supposa que ce privilége était exclusivement réservé au corpuscule particulier dont il a découvert l'existence, et qu'il désigne sous le nom de *tache* ou de *macule germinative*. En étudiant au microscope le contenu de la vésicule germinative, le physiologiste dont nous venons de parler remarqua que, dans certaines espèces, il existe, au sein du liquide que cette vésicule renferme, un amas régulier de granules, affectant une forme plus ou moins lenticulaire, plus ou moins sphéroïdale, et appliqué sur un point de la face interne de sa paroi. Lorsqu'il eut une fois constaté la présence de ce corpuscule, et qu'en répétant ses expériences il le vit se manifester d'une manière constante, dans certaines espèces, la première pensée qui lui vint à l'esprit, c'est qu'il avait sous les yeux le véritable germe, dont il pouvait mesurer l'étendue, saisir les formes, discerner la structure. La conclusion qu'il tira de l'observation de ce fait nouveau, fut que ce corpuscule était, en effet, le véritable germe déjà vivant et formé avant la conception. « *Hoc stratum granulosum germinativum germen animale* » *verum et vivum, jam ante prægnationem preformatum,* » *esse videtur* (1), » dit-il, et plus bas il ajoute qu'après la conception, ce germe passe dans le blastoderme d'où l'Embryon tire son origine, et qu'il forme la partie centrale de ce même blastoderme : « *et post prægnationem in blasto-* » *derma, ex quo Embryo formatur, transire ejusque par-* » *tem centralem formare videtur.* »

(1) *Prodomus hist. generationis*, *p.* 5.

Pour qu'il fût permis de donner au corpuscule supposé germinatif une semblable signification; pour qu'il fût possible surtout d'élever ainsi le fait spécial à la hauteur d'une idée générale, il était nécessaire que ce fait se reproduisît dans toutes les classes de la série animale, sinon d'une manière complètement identique pour toutes les espèces, du moins avec un caractère d'analogie assez évidente pour qu'on pût la saisir et la démontrer sans faire violence à l'interprétation naturelle des faits matériels. Or, comme la vésicule du germe d'un très-grand nombre d'espèces ne renferme rien que l'on puisse rigoureusement comparer au corpuscule supposé germinatif, il a fallu cependant y trouver une modification particulière qui permît de comprendre ces espèces dans la règle commune. En conséquence, M. Wagner a été conduit à considérer les globules épars que contient, en plus ou moins grand nombre, la vésicule des Batraciens, des Poissons osseux, etc., comme les représentants du germe, et d'admettre qu'en l'absence d'une tache germinative unique, la somme de tous ces globules isolés en devenait en quelque sorte l'équivalent. Dans un cas, le prétendu germe aurait donc une espèce d'individualité matériellement circonscrite par une forme déterminée, pendant que, dans l'autre, cette individualité se trouverait, si l'on peut ainsi dire, dispersée en fractions plus ou moins nombreuses. Cependant, malgré les soins qu'on a pris pour mettre cette théorie à l'abri de toutes les objections, il est une difficulté dont on n'a pu réussir à la faire triompher. En effet, en se plaçant au point de vue même de cette doctrine, il resterait encore à expliquer comment il peut se faire que dans la vésicule de certaines espèces, il n'y ait jamais ni corpuscule germinatif unique, ni corpuscules multiples. Or, si nous parvenons à démontrer que la vésicule germinative de quelques animaux ne renferme jamais, dans l'état normal, aucun corps matériellement circonscrit que l'on puisse raisonnablement considérer comme une tache germinative simple ou multiple, il faudra bien reconnaître que cette tache n'a point l'importance qu'on lui a assignée.

Déjà M. Wagner avait remarqué lui-même combien il était difficile de la découvrir chez les Oiseaux. « *In nulla ani-* » *malium classe*, dit-il, *plura quam in hac, quamvis irrita,* » *maculæ germinativæ detegendæ causa pericula feci. In* » *permultis avium speciminibus vesiculam pellucidam, sine* » *ulla macula, vidi, sicut in ovulis Pici martii, depinxi* (1). » J'ai rencontré les mêmes difficultés, et, tant que j'ai examiné des œufs extraits de l'ovaire de Poules nouvellement tuées, il m'a été impossible de découvrir la prétendue tache germinative simple ou multiple. J'ai toujours observé que la vésicule y était exclusivement remplie d'une humeur limpide, ou très-finement granulée. Cependant, je n'ai négligé aucune des précautions qui auraient pu m'en dévoiler l'existence; mais, si les Poules qui me fournissaient des sujets d'observations étaient mortes depuis un certain temps, il m'arrivait alors, sinon très-fréquemment, du moins dans quelques cas rares, de voir quelque chose d'assez analogue à la tache dont il s'agit. Cette remarque me fit supposer qu'il pourrait bien se faire que, chez les Oiseaux, quand elle existe, sa production fut le résultat accidentel de l'action plus ou moins prolongée des agents extérieurs, qui condenseraient la matière renfermée dans la vésicule en une masse régulièrement

(1) *Prodomus hist. generat.*, pag. 11 Tab. 11, f. 18.

rapetissée. Il me sembla alors que, si elle était réellement produite par ce mécanisme, il me serait possible d'en manifester à volonté la formation artificielle. En conséquence, je plaçai, sous le foyer du microscope, dans un verre de montre rempli d'eau, un grand nombre de vésicules germinatives, afin de pouvoir observer d'une manière suivie l'influence que ce liquide exercerait sur elles. Après quelque temps d'immersion, je vis qu'il y en avait dont la matière contenue subissait une concentration régulière, et prenait une forme lenticulaire ou sphéroïdale fort analogue à ce que l'on a désigné sous le nom de *tache germinative*. Il en a été de même pour la Dinde, le Vanneau, le Canard, etc. (1).

Les observations que je viens d'invoquer ne sont pas les seules qui se présentent avec un tel caractère d'évidence. On trouve un exemple bien plus facile à vérifier dans un Poisson cartilagineux dont la vésicule du germe est tellement volumineuse, que l'analyse de son contenu ne peut laisser aucun doute sur la nature des matériaux qu'elle renferme. L'œuf de la Raie offre, en effet, une vésicule assez grosse (un demi-millimètre environ) pour qu'on puisse la saisir sans trop de difficulté entre les branches d'une fine pince, la déchirer sous le microscope de manière à faire fluer son contenu, et à distinguer, à mesure qu'il s'écoule, toutes les particularités qu'il présente. L'observation la plus attentive m'a toujours démontré qu'il n'y avait absolument rien qu'un fluide finement granulé, et au sein duquel on ne trouve jamais de tache prétendue germinative, à moins que la macération en ait anormalement provoqué la formation. Je ne prétends pas

(1) *Annales franç. et étrang. d'Anat. et de Physiol.*, T. 2, pl. V.

pour cela que cette tache supposée germinative soit, dans toutes les espèces où elle se montre, le résultat de l'action des circonstances extérieures, ou d'un commencement de décomposition; les faits sont trop positifs pour qu'il puisse y avoir le moindre doute à cet égard; mais son absence, bien constatée chez les animaux que je viens de signaler, suffit pour établir que cette tache, *simple ou multiple*, ne saurait avoir l'importance et la signification que M. Wagner lui attribue.

M. Barry, acceptant l'idée émise par M. Wagner, a entrepris une longue et remarquable série d'expériences pour démontrer que, chez les Mammifères, les premiers rudiments de l'Embryon étaient formés par la vésicule et surtout par la tache germinative qu'elle renferme. Il a cru voir que la vésicule germinative, au lieu de se rompre immédiatement après la chute de l'œuf ou la fécondation, allait se placer au centre du vitellus, et que là il se développait, dans sa cavité, à l'aide d'un mécanisme très-compliqué, une nombreuse génération de cellules qui la remplissaient tout entière (1). Ces cellules de nouvelle formation, qui seraient le résultat d'une sorte de multiplication de la tache germinative, donneraient naissance à l'Embryon. C'est ainsi que, d'après les observations de M. Barry, l'hypothèse de M. Wagner, sur la destination de la tache germinative, passerait, en ce qui concerne les Mammifères, de l'état de présomption à celui de démonstration complète. Mais M. Barry a fait une découverte, dont M. Bischoff lui a vainement et injustement contesté la priorité, découverte qui ne peut se concilier avec la fonc-

(1) *Philosophical Transact.*, 1839 et 1840, T. II, p. 529 et suiv.

tion qu'il attribue à la vésicule et surtout à la tache germinative; je puis même dire qu'elle en est la négation formelle. En découvrant, en effet, que le vitellus des Mammifères se segmente après la fécondation, cet expérimentateur habile fournissait un argument péremptoire contre sa propre doctrine; car la segmentation du vitellus ayant pour but de constituer les cellules qui doivent former le blastoderme, ce même blastoderme ne saurait procéder exclusivement de la tache ou des taches germinatives, puisque le vitellus lui-même en fait presque tout les frais.

M. Vogt s'est complètement rallié à la doctrine de M. Barry, et, pour la faire prévaloir, il invoque les observations qu'il a faites sur les Poissons osseux et les Batraciens. Comme le physiologiste anglais, il admet que, chez la Palée, la vésicule germinative persiste encore pendant un certain temps après la fécondation ou la ponte; que les taches germinatives grandissent peu à peu, deviennent les cellules embryonnaires primitives, forment à elles seules la substance du germe sur laquelle la segmentation doit s'accomplir; car il suppose que le disque granuleux qui, après la fécondation et à la suite d'une segmentation préalable, s'étend en blastoderme autour du vitellus des Poissons osseux, n'est autre chose qu'une masse de taches germinatives enveloppées encore de la vésicule germinative, dont la paroi, tardivement résorbée, ne disparaîtrait que plus tard. Mais, chez les Batraciens, les choses se passeraient d'une manière fort différente. Les taches germinatives ne seraient pas seules appelées, comme chez les Poissons osseux, à constituer le germe, et ce n'est pas dans la cavité de la vésicule germinative qu'elles s'assembleraient pour le former, puisque cette dernière serait résorbée d'une manière plus précoce. Immédiatement après la fécondation, la paroi de la vésicule s'évanouissant, les taches germinatives se disperseraient à la surface du vitellus, iraient s'enterrer dans sa couche corticale. Chacune d'elles s'entourerait d'un petit amas de matière vitelline, et une membrane cellulaire se développerait ensuite, par confluence, à la périphérie de chacune de ces agglomérations. En sorte que les cellules embryonnaires, formées autour des taches germinatives, présenteraient un contenu mixte, dans lequel entrerait une grande proportion de vitellus. Il y aurait donc entre les Poissons osseux et les Batraciens cette différence que, chez les uns, le germe serait exclusivement formé par les taches germinatives assemblées, pendant que, chez les autres, il serait le résultat d'une combinaison des taches germinatives et du vitellus. « Si nous » ajoutons à ceci, dit M. Vogt, que, d'après les recherches de » M. Barry, sur l'œuf des Mammifères, la vessie germinative » se remplit, après la fécondation, de cellules qui forment » la base de l'Embryon futur, et que les cellules primitives » du germe ne sont que des vésicules creuses, exactement » semblables aux taches germinatives et quant à la forme, et » quant au contenu, nous serons en droit d'en conclure que » les cellules du germe embryonique se développent des taches » germinatives; que, par conséquent, les taches germinatives » sont, en réalité, les véritables cellules embryonnaires pri- » mitives, et que, dans les Poissons, elles forment à elles » seules le premier rudiment de l'Embryon. Aussi long- » temps que l'œuf séjourne dans l'ovaire, l'accroissement de » ces parties, qui cependant sont la base de l'Embryon futur, » n'est que peu sensible. La ponte et la fécondation qui sur-

» vient aussitôt après, sont les conditions de leur dévelop-
» pement. Les taches germinatives s'accroissent rapidement
» et deviennent les cellules ordinaires qui occupent toute
» la cavité de la cellule mère, la vésicule germinative. Il est
» probable qu'au moment où le germe commence à s'élever
» sensiblement, la membrane délicate de la vésicule germi-
» native existe encore et enveloppe la masse des jeunes
» cellules. Mais il est probable aussi qu'elle crève plus tard,
» et qu'elle est résorbée à mesure que les cellules résultant
» des taches germinatives se développent (1). » Telles sont les conclusions que M. Vogt a cru pouvoir déduire de ses études sur le développement de la Palée, je devrais dire de ses méditations ; car il n'y a pas dans son travail un seul fait qui puisse les justifier. En effet, l'auteur déclare lui-même, en parlant de l'œuf dans l'ovaire, qu'il lui est impossible de dire « ce que deviennent par la suite la vésicule et les taches
» germinatives ; car dès que les œufs sont assez grands pour
» être aperçus à la loupe entre les feuillets de l'ovaire, sous
» la forme de petits points, on ne peut distinguer plus long-
» temps ces deux organes. » Et, comme pour constater d'une manière plus précise encore qu'il lui a été complètement impossible de rien observer qui permette de résoudre la question, qu'il tranche cependant avec une entière confiance, il ajoute quelques pages plus loin : « une fois arrivé à
» maturité, je n'ai plus trouvé dans l'œuf aucune trace de
» vésicule germinative (2). » Or, si M. Vogt ignore ce que deviennent la vésicule et les taches germinatives des Pois-

(1) *Embryologie des Salmones*, 1842, p. 37.
(2) Même ouvrage, p. 7 et 13.

sons osseux, dans les œufs ovariens qui n'ont encore atteint qu'un très petit volume; s'il en a complètement perdu la trace sur ceux qui sont arrivés à leur maturité, comment pourrait-il savoir quelle est leur destination après la ponte et sous l'influence de la fécondation? Il est évident que l'imagination seule a pris ici la place des faits, qui, du reste, sont en contradiction manifeste avec l'hypothèse qu'on a voulu leur substituer. Il suffit, pour s'en convaincre, d'examiner avec une attention soutenue ce qui se passe dans le vitellus des Poissons osseux, depuis le moment de l'imprégnation jusqu'à celui où la segmentation commence. On voit alors s'accomplir un très-curieux phénomène, qui a échappé tout entier à l'observation de M. Vogt, et dont la connaissance l'aurait préservé de l'erreur grave dans laquelle il est tombé. J'ai vu, chez les Poissons osseux, immédiatement après la ponte, les granules moléculaires, qui sont d'abord uniformément repartis dans toute l'étendue de la lymphe albumineuse dont le vitellus de ces animaux se compose, s'avancer peu à peu vers un point déterminé de la surface, s'y accumuler de plus en plus, et former ainsi en se concentrant, une sorte de cicatricule, c'est-à-dire un disque régulier, aux dépens duquel la segmentation organisera plus tard le blastoderme. Par conséquent, il n'est pas possible d'admettre que la vésicule ou les taches germinatives seules fournissent les matériaux du germe, puisque les granules vitellins y prennent une si grande part. Quant aux Batraciens, dont le blastoderme serait constitué, selon M. Vogt, par les taches germinatives qui, devenues libres après l'évanouissement de la vésicule qui les renfermait, iraient se disperser dans la couche corticale du vitellus, pour s'envelopper de granules et donner naissance aux cellules destinées à former le nouvel individu, c'est encore là une supposition purement gratuite; car ici, comme partout ailleurs, c'est toujours la segmentation partielle ou totale du vitellus, qui réalise ces cellules. Il est vrai que, pour préserver sa théorie d'une objection si radicale, M. Vogt repousse l'idée d'une connexion entre le sillonnement du vitellus des Poissons osseux, des Batraciens et la formation des cellules. Il refuse d'admettre que, chez ces animaux, ce phénomène ait la même signification, conduise au même but que dans le reste de la série, où il aboutit toujours à ce résultat (1). Cependant, si les préoccupations de la théorie lui eussent fait négliger un peu moins les données plus solides de l'expérience, il aurait facilement acquis la preuve de cette connexion. Je ne puis donc accepter la solution qu'il propose.

D'autres physiologistes, convaincus, au contraire, qu'il y a la plus étroite dépendance entre les segmentations du vitellus et la production des cellules embryonnaires, pensant d'ailleurs que la vésicule du germe ou son contenu jouent un très-grand rôle dans l'acte de la génération, ont imaginé que la tache germinative est, dans certaines espèces au moins, la cause déterminante de cette segmentation. L'idée en fut inspirée à M. Bergmann (2), par les recherches de M. Bagge sur le développement de deux Entozoaires vivipares. M. Bagge (3) avait observé, en effet, qu'après l'évanouissement

(1) Vogt, *Embryologie des Salmones*, 1842, p. 35, 36 et 314.

(2) *Archives de Müller*, 1842, p. 98.

(3) *Dissertatio inauguralis de evolut. Strong. auricularis et Ascaris. acuminata*. Erlanque, 1841.

de la vésicule germinative, il apparaissait, au centre du vitellus de l'*Ascaris acuminata* et du *Strongylus auricularis,* une vésicule claire qui, depuis cette époque, a été remarquée dans l'œuf d'un très-grand nombre d'animaux. Il avait vu cette vésicule centrale, comme je l'ai constaté moi même sur des espèces voisines, s'allonger un peu, s'étrangler ensuite dans son milieu, prendre la forme d'un biscuit, et se diviser enfin en deux vésicules distinctes, qui se portent vers les deux pôles de la masse vitelline. Dès que les choses en sont venues à ce point, la division du vitellus commence et chaque moitié de sa substance enveloppe une des deux vésicules. Bientôt après, le même phénomène se répète sur le fragment de vésicule claire renfermé dans chaque portion du vitellus divisé, et la segmentation, toujours précédée par le fractionnement préalable de la vésicule claire qui se multiplie, se poursuit jusqu'au moment où ses derniers effets ont donné naissance aux cellules embryonnaires primitives. Tels sont, en effet, les résultats auxquels M. Bagge a été conduit; mais l'auteur se borne à attribuer le phénomène de la segmentation à l'influence exercée, sur le vitellus, par la division préalable de la vésicule claire qui en occupe le centre, sans chercher qu'elle est l'origine de cette vésicule. M. Bergmann, au contraire, voulant rattacher ce phénomène à ceux qui le précèdent, a supposé que la vésicule claire dont il s'agit, n'est autre chose que la tache germinative mise en liberté par l'évanouissement de la vésicule qui la renferme, et de là l'idée de considérer cette tache germinative comme la cause déterminante de la segmentation du vitellus, de la formation des cellules embryonnaires primitives. Ce rôle nouveau, dans l'hypothèse où elle serait réellement appelée à le remplir, ne saurait se concilier avec celui que M. Vogt a voulu lui faire jouer; car, d'après M. Bergmann, c'est la segmentation du vitellus, provoquée par la tache germinative, qui engendrerait les cellules, pendant que, dans l'opinion de M. Vogt, il n'y aurait aucun rapport entre ces deux phénomènes.

M. Schwann (1), partant d'un point de vue tout à fait différent de celui des physiologistes dont j'ai parlé jusqu'ici, est arrivé à une conséquence diamétralement opposée. Il a eu l'ingénieuse idée de comparer l'œuf à une cellule, et, en s'appuyant sur les observations insuffisantes de MM. Purkinje et Baer, il a admis que cet œuf avait le même mode de formation que celui que M. Schleiden assigne à la cellule en général. Ce principe posé, l'auteur le pousse jusqu'à ses dernières conséquences. Il assimile la tache germinative au *nucleole*, la visicule germinative au *noyau*, la membrane vitelline à la *paroi cellulaire*. Or, comme dans la théorie de M. Schleiden, le nucleole et le noyau sont des parties transitoires qui ont épuisé leur rôle, et s'évanouissent après avoir servi de centre de formation, il en a conclu que la tache et la vésicule germinative, ayant dans l'œuf la même signification que le nucleole et le noyau dans la cellule ordinaire, devaient être résorbées comme le nucléole et le noyau, et ne prendre aucune part aux phénomènes subséquents qui se passent dans la cellule que l'œuf représente. Cette manière de voir, qui est purement spéculative, ne saurait avoir d'autre valeur que celle d'une comparaison, puisque aucune observation directe n'a été invoquée pour lui faire perdre le caractère d'une hypothèse déduite d'un principe contestable. Car, tout

(3) *Mikroskopische Untersuchungen*, etc. Berlin, 1839.

en admettant que l'œuf soit une cellule, il n'est pas démontré pour cela que cette cellule se forme comme M. Schwann le suppose; et quand bien même la tache et la vésicule germinatives pourraient être assimilées au nucléole et au noyau, il ne s'ensuivrait pas encore nécessairement que leur rôle fût exclusivement borné à servir de centre de formation à la paroi cellulaire, attendu qu'il y a *des nucléoles et des noyaux* qui peuvent subir des transformations plus ou moins nombreuses.

En résumant donc toutes les hypothèses qui ont été proposées pour expliquer la fonction de la vésicule germinative et de son contenu, on voit que, sauf l'idée émise par M. Schwann, la plupart des physiologistes se réunissent pour lui accorder la prépondérance dans la formation du germe. Les uns, à l'exemple de M. Purkinje, ont cru qu'elle persistait aplatie au centre de la cicatricule, c'est-à-dire dans le point qui se transforme en Embryon, et qu'elle constituait, par conséquent, la base du nouvel individu. Les autres, suivant une seconde opinion de M. Purkinje, ont pensé qu'elle se rompait après la conception ou la chute de l'œuf, et que ses débris donnaient naissance au blastoderme, soit en se combinant avec les granules de la cicatricule, soit en empruntant au vitellus les matériaux nécessaires à cette construction. D'autres enfin, partageant le sentiment de M. Wagner, ont accordé à la tache germinative seule, la prépondérance que MM. Purkinje et Baer attribuaient ou à la vésicule aplatie, ou à son contenu tout entier épanché, et ont considéré cette tache privilégiée comme le germe vivant et déjà formé avant la conception. Toutefois, parmi ces derniers, il en est qui, comme M. Vogt, ont supposé que les taches germinatives pouvaient se multiplier en telle abondance, que le germe résultait entièrement de leur accumulation. D'autres enfin, comme M. Bergmann, leur assignant un rôle moins absolu, ont admis qu'elles provoquaient la segmentation du vitellus, dont la substance serait, sous leur influence, convertie en cellules.

Mais, toutes les hypothèses qui, sous une forme quelconque, impliquent l'idée de l'intervention exclusive ou prépondérante de la vésicule pour la formation du germe, soit par l'aplatissement de sa paroi persistante, soit par l'épanchement de son contenu tout entier, soit au moyen de la tache ou des taches germinatives toutes seules, sont radicalement fausses; car si, comme je l'ai déjà dit et comme je le démontrerai plus loin, c'est la cicatricule elle-même qui, chez les Oiseaux, les Reptiles écailleux, les Poissons cartilagineux, les Céphalopodes, fournit les principaux éléments du germe; si, dans le reste de la série, c'est le vitellus lui-même, il est évident que la participation de la vésicule germinative ou de son contenu, dans le cas où on obtiendrait la preuve de sa coopération matérielle, ne pourrait jamais être considérée comme prépondérante.

Posée dans ces termes, la question devient beaucoup plus simple. Il ne s'agit plus, en effet, de savoir si la vésicule germinative ou son contenu constituent le germe; mais de constater, par l'observation, si ce contenu entre pour une part quelconque dans la composition des sphères granuleuses ou des cellules qui résultent de la segmentation de la cicatricule ou du vitellus; s'il est la cause déterminante de cette segmentation, ou bien s'il reste complètement étranger aux phénomènes qui se passent dans l'œuf après la conception. C'est ce que nous examinerons avec la plus scrupuleuse attention, lorsque nous aurons à nous occuper de l'influence du mâle sur le produit femelle de la génération.

Quant à la cause qui produit l'évanouissement de la vésicule germinative, il est clair qu'on ne peut l'attribuer à l'acte de la conception, puisque le phénomène s'accomplit dans l'œuf des femelles d'Oiseaux que l'on retient séparées des mâles. Chez les animaux dont les œufs ne sont mis en contact avec le fluide séminal qu'après qu'ils ont été pondus, la vésicule germinative a toujours disparu plus ou moins longtemps avant que le mâle intervienne. La plupart des Poissons osseux et des Batraciens anoures ne laissent aucun doute sur ce point. L'influence de la fécondation ne peut donc, par conséquent, être considérée comme la cause provocatrice de la disparition de la vésicule, puisque, je le répète, dans des cas bien déterminés, on ne voit plus de traces de cette vésicule quelque temps avant que cette influence ne s'exerce.

On ne peut pas supposer non plus, avec M. Purkinje, que ce phénomène soit le résultat de la compression exercée par l'oviducte sur les œufs qui le traversent ; car il y a des animaux dont les œufs ne s'engagent dans le canal vecteur qu'après le développement complet de l'Embryon, et chez lesquels, par conséquent, la vésicule germinative disparaît sans avoir subi aucune violence de la part de l'oviducte. Les Pœcilies offrent, parmi les Poissons, un curieux exemple de cette gestation ovarienne.

En conséquence, l'évanouissement de la vésicule germinative n'est point un phénomène produit par une action mécanique, ni par la conception ; c'est le terme naturel de l'existence d'une partie qui a complètement épuisé son rôle.

ORIGINE DE L'ŒUF.

Tout ce que nous avons dit jusqu'ici sur l'organisation de l'œuf, se rapporte exclusivement à la description des divers éléments dont il se compose, et aux modifications successives que ces éléments éprouvent, depuis le moment où cet œuf se manifeste, jusqu'à celui de sa complète maturité. Mais il n'a encore été question ni de son origine, ni du mécanisme de sa formation.

Faut-il considérer l'œuf comme une cellule détachée de l'ovaire, qui ne se développerait librement, dans cet organe, qu'après avoir préalablement fait partie intégrante de son tissu? ou bien ne serait-il que le simple résultat d'une concentration des fluides spontanément coordonnées, et n'aurait-il jamais eu, avec l'organe au sein duquel il se forme, d'autre rapport que celui d'être né dans une de ses loges, comme un parasite qui attend sa délivrance? Telle est la question qu'il s'agit d'examiner en ce moment.

Il semblerait, au premier abord, que l'époque de l'ovification ne devrait commencer qu'aux approches de la puberté, et au moment où les femelles vont devenir aptes à reproduire leur espèce. Mais l'expérience a démontré que l'origine de ce phénomène remonte à des temps bien antérieurs, et que les ovaires des fœtus eux-mêmes peuvent devenir le siége de ce travail prématuré (1). En sorte qu'une femme, par exemple, parvenue au terme de la grossesse, représente

(1) Carus, *Archives de Müller*, 1837, p. 442. et *Anna. franç. et étr. d'Anat et de Physiol.*, T, I, p. 414.

trois générations emboîtées, dont la première est exprimée par les œufs de la mère elle-même, la seconde par l'enfant qu'elle renferme dans son sein, et la troisième par les germes de l'ovaire de cet enfant. Or, comme l'âge de la puberté n'arrive ordinairement que de dix à quatorze ans après la naissance, il s'ensuit que les premiers ovules formés dans l'ovaire, traversent tout ce long intervalle avant que la fécondation puisse les provoquer à un développement ultérieur. Chez les animaux, ce temps est de beaucoup moins long; mais, chez tous, l'ovification commence à une époque bien antérieure à celle de la puberté. Lors donc que l'on veut arriver à connaître le véritable mécanisme de la formation de l'œuf, il ne faut pas borner ses investigations à l'examen des ovaires de l'adulte; il est indispensable de les étendre à ceux de tous les âges, afin que les faits qui, dans certains cas, sont obscurs ou dissimulés, se montrent plus clairement dans d'autres.

Il n'y a peut-être pas de sujet, dans la science, sur lequel il règne plus d'incertitude que sur celui dont il s'agit. Cependant de nombreuses tentatives ont été faites pour arriver à un résultat définitif. M. Baer (1) fut le premier qui proposa une solution. Prenant en considération le grand volume que la vésicule germinative a déjà atteint dans les œufs les plus petits, ce physiologiste pensa, avec M. Purkinje, qu'elle constituait les premiers rudiments de l'œuf. Il supposa, comme nous l'avons déjà indiqué plus haut, que, de toutes les parties dont cet œuf se compose, elle était réellement formée la première; qu'elle devenait une sorte de centre au-

(1) *Lettre sur la formation de l'œuf*, traduct. franç., p. 44.

tour duquel se déposait le vitellus primitif, et que la membrane vitelline n'était autre chose qu'une coagulation périphérique de ce dernier. Il crut pouvoir soutenir en toute assurance que telle était le mécanisme de la formation de l'œuf des animaux inférieurs, et si, chez les vertébrés, le phénomène lui parut beaucoup plus difficile à constater, il ne le regarda pas moins comme très-vraisemblable.

M. Wagner (1) poussa les choses beaucoup plus loin encore ; il crut avoir reconnu que la macule ou tache germinative apparaissait la première ; qu'autour d'elle se formait la vésicule germinative ; que le vitellus était ensuite déposé autour de cette dernière, et la membrane vitelline autour du vitellus. Mais plus tard, frappé des difficultés du sujet, il devint beaucoup moins affirmatif, et quoique une comparaison générale du mode de formation de l'œuf, dans le règne animal, lui eût semblé favorable à sa manière de voir, il ne se prononça cependant qu'avec une certaine réserve. Il fit remarquer lui-même que dans l'ovaire tubuleux des Insectes, chez l'Agrion par exemple, où, selon lui, la formation des diverses parties peut être bien suivie, la membrane vitelline enveloppe déjà la vésicule germinative dans les œufs les plus petits, et que, quant aux cellules ayant un nucleus dans leur intérieur, cellules qu'il avait d'abord cru pouvoir considérer comme des vésicules germinatives libres, c'était encore une question pour lui de savoir s'il fallait leur donner une semblable signification (2). Or, si, même dans les cas les plus favorables, les faits se présentent avec un tel caractère d'incer-

(1) *Prodromus hist., generat.* p. 9 (*Class.* XII).
(2) *Traité de Physiologie*, p. 46.

titude, que faut-il penser de la théorie qu'ils sont destinés à faire prévaloir?

M. Schwann(1), prenant ces faits pour point de départ, crut pouvoir en conclure que l'œuf était une véritable cellule, puisque le mécanisme de sa formation semblait, d'après les observations de M. Wagner, rentrer dans la loi générale à laquelle M. Schleiden avait supposé que le développement de toutes les cellules était soumis. Il assimila, en conséquence, la macule germinative au nucléole, la vésicule germinative au cystoblaste ou au noyau, et la membrane vitelline à la paroi cellulaire. C'est ainsi que l'on fut conduit à donner aux diverses parties dont l'œuf se compose une signification nouvelle. Cependant, toutes les observations qui avaient servi de base à cette doctrine étaient si peu précises, qu'on ne pouvait les accepter comme une démonstration. D'ailleurs, les doutes que M. Wagner exprime lui-même, dans sa physiologie, seraient déjà une preuve de leur insuffisance, si les difficultés dont les investigations de ce genre sont entourées ne rendaient très-circonspects sur la valeur des résultats qu'elles peuvent fournir. Aussi, les recherches ultérieures, au lieu de donner à tous les observateurs une conviction commune, ont fait naître, au contraire, des dissidences assez profondes. Ces dissidences portent sur la question de savoir si c'est la tache germinative qui est formée la première, ou bien si c'est la vésicule; si le vitellus primitif se dépose autour de la vésicule germinative avant la formation de la membrane vitelline, ou s'il se développe dans la cavité de cette dernière, dont la paroi

(1) *Mikroskopische Untersuchungen über die Übereinstimmung in der Struktur und im Wachsthum der Thiere und Pflanzen*, Berlin, 1839, p. 49 et 252.

serait préalablement réalisée autour de la vésicule elle-même.

Toutes ces opinions ont bien, il est vrai, un caractère commun, puisqu'elles tendent toutes à établir que l'œuf se forme autour d'un centre; mais l'ordre d'apparition des diverses parties varie d'une manière trop notable selon le point de vue auquel les auteurs se sont placés, pour que leurs idées préconçues n'aient pas pris une grande part aux théories qu'ils ont adoptées. Il n'est pas possible, en effet, que le même fait ne se présente pas d'une manière identique à l'observation de tous les physiologistes, si cette observation est faite avec toutes les conditions qui doivent en garantir l'exactitude. Pour qu'il en soit autrement, il faut que la solution du problème n'ait pas encore été obtenue. On peut dire même que, parmi les figures publiées par les auteurs, il n'y en a pas une seule qui puisse être considérée comme favorable aux théories qu'elles sont destinées à faire prévaloir. Il est nécessaire, par conséquent, d'avoir recours à de nouvelles recherches, et je vais exposer ici le résultat de celles que j'ai faites pour substituer les observations aux hypothèses.

Je ferai remarquer d'abord que, même chez les Invertébrés et dans les espèces que MM. Baer et Wagner considèrent comme plus favorablement organisées pour fournir des preuves à l'appui de leur opinion, les faits sont loin d'être aussi facilement concluants que la manière dont ils les expriment pourrait le faire supposer. J'ai bien distingué à l'extrémité supérieure de l'ovaire tubuleux des Insectes, les petits grains qui ont été pris pour des macules ou des vésicules germinatives libres; mais je ne les ai pas vus s'envelopper successivement des diverses parties dont l'œuf se compose. Il m'a semblé, au contraire, que rien n'autorise à supposer que les choses doivent se passer ainsi. Lorsqu'on examine, en effet, la portion des tubes ovariens qui fait suite à celle où se montrent les prétendues macules ou vésicules germinatives libres, au lieu d'y rencontrer des œufs aux divers états de stratification périphérique, dont la théorie admet le dépôt successif, on trouve que ces œufs, même les plus jeunes, possèdent déjà leur enveloppe la plus extérieure, et que la membrane vitelline qui, dans l'ordre des formations, devrait arriver la dernière, ne manque nulle part. Chacun des œufs de cette région intermédiaire, logé dans une cellule spéciale, possède déjà tous ses principaux éléments constitutifs à un degré plus ou moins rudimentaire, et le progrès du développement ne pourra que les modifier ou les grandir. Il n'y en a pas un seul, en un mot, si petit qu'il soit, où l'on ne puisse clairement distinguer une membrane vitelline renfermant dans sa cavité le vitellus, la vésicule et la macule germinatives.

Cette remarque éveilla dans mon esprit la pensée que les petits grains observés au sommet des tubes ovariens par MM. Baer et Wagner, et que ces physiologistes avaient considérés comme des macules ou des vésicules germinatives libres, destinées à devenir un centre de formation, pourraient bien être de véritables œufs déjà pourvus de leur membrane vitelline. Je me livrai donc à de nouvelles investigations pour m'assurer si une expérience plus directe viendrait confirmer une supposition qu'un premier examen rendait si probable. Le résultat a complétement confirmé mes prévisions. J'ai acquis la certitude que les petites vésicules dont il est ici question ne sont ni des macules, ni des taches germinatives libres; mais des ovules bien définis qui, pour prendre l'aspect qu'ils doivent avoir plus tard, n'ont qu'à se dilater, sans avoir besoin que de nouveaux éléments viennent se déposer autour d'eux. C'est au contraire dans leur sein, et non à la surface, que s'accomplit tout le travail qui préside à leur développement ultérieur. La membrane vitelline, dont la cavité est, dès les premiers moments, presqu'entièrement occupée par la vésicule germinative, et ne peut, à cause de cela, contenir qu'une très-faible quantité d'albumine, se remplit peu à peu de granulations, grandit à mesure, et laisse voir, d'une manière de plus en plus évidente, que la macule et la vésicule germinatives ont de tout temps été renfermées dans sa cavité. On ne peut donc tirer de l'étude de l'ovaire tubuleux des Insectes, et du développement de l'œuf qu'on y observe qu'une seule demonstration, c'est que la théorie proposée par MM. Baer et Wagner, soutenue, avec de légères modifications, par MM. Barry (1), Bischoff (2), Vogt (3), non-seulement ne peut se concilier avec les faits qu'on lui avait donnés pour base; mais que ces faits en sont la négation la plus formelle. Si donc les auteurs qui l'ont proposée ou défendue veulent qu'elle soit autre chose que l'œuvre de leur esprit, il faut qu'ils cherchent de nouveaux moyens de l'établir; car, jusqu'à plus ample information, on est en droit de la considérer comme non avenue. Mais, en attendant, je crois qu'il convient de ne point détourner les faits de leur véritable signification, et, quoique sous le patronage des physiologistes habiles qui l'ont imaginée, cette théorie ait déjà pris dans la science

(1) *Philos. Transact.*, 1838, P. II.
(2) *Développ. de l'Homme et des Mamm.* (Encycl. anat.) T. VIII, p. 364 et 556.
(3) *Embryol. des Salmones*, p. 6.

tout le crédit d'un préjugé, il ne faut pas renoncer pour cela à l'espoir de substituer la vérité à l'erreur. Je prendrai donc la liberté d'exprimer, sur ce point, une opinion contraire à celle qui a jusqu'ici exclusivement prévalu.

Si l'on admet, comme des observations suivies, faites dans toutes les classes de la série, m'en ont fourni la preuve, que jamais la vésicule ni la macule germinatives ne se montrent libres et isolées ; si l'on reconnaît que ce qui a été pris jusqu'à ce jour pour des vésicules ou des macules indépendantes constitue des ovules primitifs, ayant une membrane vitelline parfaitement caractérisée ; si cette membrane vitelline existe déjà même quand le volume des ovules n'a pas encore dépassé celui d'un globule moléculaire, il reste démontré que les parties intérieures de l'œuf se forment dans son sein, et non point par le dépôt successif de couches surajoutées les unes autour des autres. Voici quel me paraît être le mécanisme de cette formation : un globule moléculaire se détache de l'ovaire et reste libre dans une des loges de cet organe. Ce globule, d'abord plein, homogène, solide, se creuse bientôt en une vésicule transparente (la membrane vitelline), dans la cavité naissante de laquelle se forme presque simultanément un nouveau globule, qui se convertit à son tour en vésicule germinative, au sein de laquelle peuvent naître une ou plusieurs macules germinatives. La vésicule germinative remplit d'abord presque toute la cavité de la membrane vitelline ; mais peu à peu le vitellus s'accumule entre ces deux vésicules emboîtées, la membrane vitelline grandit rapidement et s'éloigne de la vésicule germinative qui finit par ne plus occuper, dans sa cavité distendue, qu'une place très-restreinte. C'est ainsi que l'œuf, après avoir existé comme partie intégrante de l'organe qui le produit, se trouverait ensuite indépendant de cet organe, quoique enclavé dans une loge particulière, dont il finira par déchirer la paroi quand viendra le moment de sa délivrance. L'œuf, dans cette manière de voir, n'en continuerait pas moins à posséder tous les caractères de la cellule; seulement cette cellule, au lieu de se développer autour d'un centre, comme on l'a généralement supposé, rentrerait dans la catégorie de celles qui se réalisent par un mécanisme diamétralement opposé.

Si de nouvelles observations confirment d'une manière décisive le résultat de celles que je viens de faire connaître, on aura résolu un double problème; car, en démontrant que l'ovule primitif est un fragment détaché de l'ovaire, on ramènera les trois modes de propagation connus sous les noms de *gemmiparité*, de *scissiparité*, d'*oviparité*, à une règle commune, et l'on ne confondra plus le produit femelle de la génération avec les sécrétions ordinaires de l'organisme.

CHAPITRE IV.

CHUTE DE L'ŒUF.

RAPPORTS DE L'ŒUF AVEC LA CAPSULE OVARIENNE. MÉCANISME DE LA DÉHISCENCE.

L'œuf, plus ou moins profondément caché, dès l'origine, dans le tissu de l'ovaire, tend, de plus en plus, à mesure qu'il se développe, à se dégager du sein de cet organe pour se porter vers sa périphérie. Il y a même des espèces, telles que les ovipares parmi les vertébrés, chez lesquelles il finit par devenir tellement proéminent, qu'il semble, comme je vais le dire, ne plus faire partie de l'ovaire où il a pris naissance. Néanmoins, quelle que soit l'espèce, il reste captif dans la capsule qui le récèle, jusqu'au moment où la paroi de celle-ci se déchire pour lui livrer passage.

Il y a des animaux chez lesquels l'œuf, à quelque époque qu'on l'examine, remplit toute la cavité de la loge que lui fournit l'ovaire. Il y en a d'autres chez lesquels cette loge grandit d'une manière si considérable par rapport au volume de l'œuf, que cet œuf n'y occupe bientôt plus qu'une place très-restreinte. En ayant égard à ces différences, la série peut être divisée en deux catégories, dans chacune desquelles la déhiscence se réalise par un mécanisme différent.

Dans la première de ces catégories, qui comprend les Oiseaux, les Reptiles, les Poissons et les Invertébrés en général, c'est toujours l'œuf lui-même qui opère sa délivrance, et il n'a besoin d'aucun secours étranger pour la préparer ou l'accomplir.

Dans la seconde catégorie, qui se compose seulement de l'espèce humaine et des Mammifères, l'expulsion de l'œuf est, au contraire, toujours confiée à l'action exclusive d'un liquide particulier, sans l'intervention duquel le produit femelle de la génération ne pourrait jamais, à cause de sa petitesse, déchirer la paroi de la loge qui le renferme.

Cette différence dans le mode d'expulsion, en suppose nécessairement d'autres dans les rapports de l'œuf avec la cellule dans laquelle il est logé, et il est curieux de voir avec quelle admirable prévoyance la nature a subordonné ses moyens d'action aux besoins de la fonction dont elle a voulu assurer l'accomplissement. Je vais donc montrer comment elle procède dans l'un et l'autre cas.

Chez tous les animaux, sans exception, l'œuf, ai-je dit, est, dès l'origine, étroitement embrassé par la capsule que lui fournit l'ovaire. Il se trouve donc en contact immédiat avec la paroi interne de cette capsule, laquelle subira, selon les espèces, une distension proportionnelle au volume que l'œuf lui-même doit acquérir. Ces rapports réciproques se conservent jusqu'au moment de la déhiscence, dans tous les animaux chez lesquels il n'est pas besoin qu'un liquide intervienne pour provoquer la rupture des capsules ovariennes. Chez eux, l'œuf, continuant à grandir, dilate de plus en plus la paroi de la loge dont il ne cesse de remplir toute la capacité, refoule les tissus environnants, les soulève et finit par entraîner sa capsule, vers la surface de l'ovaire, d'une manière si prononcée, que cette capsule, naguère profondément enfouie et confondue avec le reste de l'organe, n'y tient plus que par un pédicule grêle, comme le grain de raisin tient à la grappe dont il fait partie. Ce pédicule appartient exclusivement à la capsule soulevée, et l'œuf, quoique étroitement emboîté dans la cavité de cette dernière, n'a jamais avec elle aucun rapport de continuité.

Les Oiseaux, les Reptiles écailleux, les Poissons cartilagineux, les Cephalophodes, etc., sont, parmi les animaux de la catégorie dont il est ici question, ceux qui offrent cette disposition au degré le plus élevé. Leurs capsules ovariennes soulevées et flottantes, quand elles ont acquis un certain développement, ne tiennent plus à l'ovaire dont elles proviennent, que par le pédicule à travers lequel les vaisseaux ovariens passent pour venir se ramifier dans toute l'étendue de leurs parois amincies. Ces parois, incessamment soumises à la dilatation croissante que le développement de plus en plus rapide de l'œuf leur fait subir, s'affaiblissent peu à peu; les vaisseaux qui les arrosent, comprimés eux-mêmes, sont impuissants à admettre le sang en assez grande abondance; dès lors la nutrition, entravée par les obstacles que la circulation rencontre, devenant insuffisante pour contrebalancer les effets que la compression fait éprouver aux tissus, les capsules exténuées cèdent, en quelque sorte, sous le poids des œufs, et s'ouvrent, comme le calice d'une fleur, en laissant échapper, à travers de leur ouverture béante, le produit qu'elles renfermaient.

C'est ordinairement vers le point opposé à leur pédicule que les capsules s'usent et se déchirent, parce que c'est là aussi, que les vaisseaux nourriciers étant plus petits, la compression de l'œuf réussit plus promptement à les éteindre.

Chez les Oiseaux et les Lézards, une disposition particulière indique d'avance le point où se fera la déchirure par laquelle s'échappe l'œuf. On voit de très-bonne heure, même sur celles de leurs capsules qui renferment des œufs encore peu développés, une zone d'un blanc jaunâtre, linéaire chez les Oiseaux, angulaire chez les Lézards, et le plus ordinairement située au côté diamétralement opposé au pédicule. La cause d'un pareil fait est due à la distribution des vaisseaux, qui, après s'être repandus sur toute la surface de la capsule ovarienne, viennent s'éteindre, pour ainsi dire, dans une certaine étendue, et en affectant une disposition régulière, sur un point déterminé de cette capsule. L'espace qu'ils laissent libre, contrastant nécessairement par sa couleur avec le reste de la capsule, il en résulte cette zone dont je viens de parler. Chez les Oiseaux et les Lézards, la direction et l'étendue de l'ouverture dont les capsules ovariennes deviennent le siége sont donc indiquées d'avance, et l'on peut constater que cette ouverture sera proportionnée au volume de l'œuf qui doit s'en échapper; car la zone mesure les deux tiers, au moins, de la circonférence des capsules.

Tel est le mécanisme à l'aide duquel l'œuf des Oiseaux, des Reptiles, des Poissons, des Invertébrés, parvient à déchirer le tissu de l'ovaire, et, par la seule influence qu'il exerce, réussit, sans aucun secours étranger, à se frayer un passage pour pénétrer dans le canal vecteur, où il subira de nouvelles modifications. Il me reste à montrer comment, chez l'espèce humaine et les Mammifères, la nature obtient le même résultat, quoique l'œuf ne soit pas ici, comme dans les animaux dont il vient d'être question, l'instrument direct de sa délivrance.

Lorsqu'on étudie les ovaires de l'espèce humaine et des Mammifères, surtout dans le jeune âge, on trouve qu'il existe au sein de leur tissu une quantité innombrable d'ovules, occupant chacun une capsule particulière, et disposés assez régulièrement dans des sortes de cellules en cul-de-sac. L'ovaire de la femme, destiné à n'émettre qu'une petite quantité d'ovules, n'est cependant pas moins richement pourvu que celui des Mammifères les plus féconds; c'est ce dont on peut s'assurer en examinant des sujets jeunes et sains, et frappés de mort violente. A la vérité, ces ovules doivent, en grande partie, avorter de très-bonne heure, périr et être résorbés; mais beaucoup d'entre eux, parcourant toutes les phases de leur évolution, seront expulsés de l'ovaire à l'époque de leur maturité. Toutefois, ils ne pourront être émis qu'en tant que les membranes qui entrent dans la composition de la capsule ovarienne, et le feuillet péritonéal qui la recouvre, seront rompus. Or, comme ces ovules ne dépassent jamais, en volume, quinze centièmes de millimètre de diamètre, il s'ensuit qu'ils seraient complétement impuissants à surmonter une semblable résistance, si un liquide particulier, abondant, en s'accumulant dans les capsules ovariennes, ne venait en triompher. Cependant, avant que le fait se réalise, quelques changements, qui le préparent, s'accomplissent dans les capsules dont je parle, et dont je vais étudier l'organisation.

J'ai dit plus haut, qu'originairement, chez tous les animaux, l'œuf était dans des relations étroites avec la capsule de l'ovaire qui le renferme. L'espèce humaine et les Mammifères ne font point exception; chez eux, comme chez toutes les autres espèces animales, les capsules ovariennes, connues aujourd'hui sous le nom de *vésicules* ou *follicules de Graaf*, et antérieurement sous celui d'œufs de Graaf (*ova Graafiana*), tiennent, dans le principe, l'ovule que chacune d'elles contient, étroitement embrassé.

Il est extrêmement difficile de dire si, à ce moment, ces capsules ovariennes possèdent toutes les parties qu'on leur reconnaît plus tard. Ce n'est guère que sur celles qui sont devenues le siége d'un commencement de travail, qu'il est possible de constater le véritable état des choses. On voit alors que l'ovule, quoique toujours étroitement emprisonné, est cependant séparé des parois de la capsule ovarienne par une couche assez épaisse de cellules. Il est situé au centre de cet amas de cellules, à peu près comme la vésicule germinative de l'œuf des Oiseaux est située au milieu des granules vitellins primitifs dont nous avons vu que cet œuf était composé. Cette analogie est d'autant plus remarquable, que ce sera par un mécanisme tout à fait semblable à celui qui, chez les Oiseaux, maintient la vésicule germinative vers un point de la périphérie de l'œuf, que nous allons voir l'ovule de la femme et des Mammifères être maintenu et pour ainsi dire transporté à la surface de la vésicule de Graaf. En effet, lorsqu'on prend des capsules ovariennes à un degré de développement un peu plus avancé, il est aisé de constater ce fait. Ainsi, ces capsules, dans lesquelles on n'observait en premier lieu qu'une masse de cellules au centre de laquelle se montrait l'ovule, contiennent maintenant une faible quantité d'un liquide incolore et de nature albumineuse. L'introduction de ce fluide au milieu de l'amas de cellules dont je viens de parler, et son accroissement successif, ont pour premier résultat de refouler en tous sens, vers la paroi de la capsule ovarienne, ces mêmes cellules qui, juxta-posées et mutuellement comprimées, finissent par adhérer les unes aux autres et à se disposer en membrane de façon à tapisser toute la surface interne de la vésicule qui les renferme. L'ovule ne cessant pas d'être enveloppé par une partie de ces cellules, se trouve donc saisi dans la couche que celles-ci constituent, et reste appliqué avec elle contre la paroi de la vésicule de Graaf. C'est à cette portion épaissie de la couche celluleuse où l'ovule est logé, portion qui fait saillie sous forme de petit mamelon, que M. Baer (1), guidé par une fausse analogie, a donné fort improprement le nom de *disque proligère*.

En définitive, dans l'espèce humaine et les Mammifères, l'ovule n'est point libre et flottant dans l'intérieur de la capsule de l'ovaire; il y est au contraire, à toutes les époques de son existence, dans une position fixe, presque invariable, et tout le travail ultérieur dont cette capsule sera le siége, n'aura d'autre résultat que d'en distendre la paroi, de la faire proéminer de plus en plus à la surface de l'ovaire, sans qu'il y ait rien de changé dans la disposition de son contenu.

La couche qui double, à l'intérieur, le follicule de Graaf, généralement connue sous le nom de *membrane granuleuse*, mais à laquelle celui de *couche celluleuse*, que je propose de lui substituer, me paraît beaucoup mieux convenir, est uniquement formée par des cellules juxta-posées et si peu co-

(1) *Lettre sur la formation de l'œuf*, trad. franç., p. 320.

hérentes entre elles, qu'elles se désagrégent avec la plus grande facilité. Elle est assez épaisse, jaunâtre, transparente et se sépare aisément de la paroi de la capsule de l'ovaire, contre laquelle elle est simplement adossée. La dépression mutuelle que les cellules qui la forment exercent, par leur rapprochement, fait prendre à celles-ci une forme pentagone ou hexagone; chacune d'elles est remplie de granulations extrêmement fines, et porte, au centre, un globule qu'on pourrait assimiler au noyau de la plupart des vésicules animales et végétales. Lorsqu'elles sont libres, on les voit retourner à la forme ovalaire ou sphérique qu'elles avaient avant d'avoir subi une compression. Ce sont des cellules de cette nature que l'on rencontre flottantes dans le fluide qui remplit le follicule de Graaf.

Malgré les nombreuses tentatives que j'ai faites chez plusieurs Mammifères, et notamment chez la Truie, pour découvrir, sur la couche celluleuse, les vaisseaux dont parle M. Pouchet (1), il ne m'a jamais été possible, de quelques précautions dont je me sois entouré, et quelques soins que j'y aie mis, de constater la vascularité de cette membrane. Elle s'est toujours présentée à moi telle que je viens de la décrire; aussi serais-je tenté de croire que M. Pouchet, dans cette circonstance, s'est laissé tromper par une apparence, et qu'il a pu regarder, comme appartenant à la couche cellulaire, les vaisseaux qui rampent sur le feuillet le plus interne de la vésicule de Graaf. L'erreur, ici, est d'autant plus facile à commettre, que la couche celluleuse étant extrêmement transparente, laisse voir tout ce qui existe au-dessous d'elle.

(1) *Théorie posit. de l'ovul. spontanée et de la fécondat.* Paris, 1847, p. 46.

J'ai dit que l'ovule occupe presque toujours une position invariable dans la vésicule de Graaf. Sur toutes les espèces dont j'ai pu disposer, je l'ai à peu près constamment rencontré dans le point opposé à celui où sont situés les grands troncs vasculaires qui viennent s'irradier sur la capsule ovarienne, c'est-à-dire dans le point qui fait saillie à la surface de l'ovaire, lorsque, par l'effet de son développement, le follicule de Graaf se dégage du sein de cet organe. L'ovule est donc là dans la position la plus favorable pour être expulsé, quand viendra le moment de la déhiscence.

Cependant, d'après M. Pouchet (1), il n'en serait pas de même chez la Truie. L'ovule, dans cette espèce, ne serait pas situé au sommet libre et saillant de la capsule ovarienne, mais au point tout à fait opposé, vers l'endroit le plus profond de cette capsule. Il y a eu là, sans doute, pour M. Pouchet, une cause d'illusion que je ne peux m'expliquer ; car, chez la Truie, les faits sont les mêmes que chez les autres Mammifères qu'il m'a été possible d'observer. J'ai apporté le plus grand soin à l'examen de ces faits, et je peux affirmer que l'ovule de cette espèce occupe, comme dans l'espèce humaine, la Brebis, la Chienne, etc., un des points culminants de la vésicule de Graaf. Il est très-facile, en ouvrant dans l'eau une capsule ovarienne, et en ménageant la partie qui fait saillie à la surface de l'ovaire, de voir l'ovule suspendu à cette portion saillante, et proéminer, avec son cumulus celluleux, à l'intérieur de la vésicule de Graaf incisée.

Ce n'est pas à dire cependant que l'ovule ne puisse jamais se rencontrer assez loin du sommet de la capsule dans la

(1) *Théorie posit. de l'ovul. spontanée*, etc. Paris, 1847. p. 48.

quelle il est contenu; on conçoit même qu'il puisse occuper la place que lui assigne M. Pouchet; mais ce dernier fait doit se présenter très-rarement, et, pour ma part, je ne l'ai jamais observé, même chez la Truie. J'ai constamment vu, je le répète, l'ovule de la femme et des Mammifères situé, dans la vésicule de Graaf, au voisinage du lieu, et sur le lieu où se fera la déchirure de cette vésicule.

Si dans l'espèce humaine, la Chienne, la Brebis, la Vache, la Truie, la couche celluleuse qui tapisse la vésicule de Graaf, et le point épaissi de cette couche qui renferme l'ovule, affectent la disposition que je viens d'indiquer, la Lapine offre, sous ce rapport, quelques particularités que je dois signaler. Chez cette espèce, les cellules à la faveur desquelles la couche cellulaire se réalise, paraissent être plus abondantes que dans les animaux que je viens de citer; car, non-seulement elles doublent en se disposant en membrane toute la capsule qui les renferme, elles forment autour de l'ovule une accumulation assez grande; mais encore une partie de ces cellules est employée à produire des sortes de liens, de filaments, de colonnes qui, du point épaissi dans lequel est plongé l'œuf, s'étendent en tous sens sur le reste de la membrane. Ces liens, que M. Barry (1) a le premier signalés, et auxquels il a imposé le nom de *retinacula*, n'ont rien de régulier ni dans le nombre, ni dans la forme, ni dans la position. On en trouve quelquefois deux et trois; d'autrefois il y en a jusqu'à vingt et plus, et, dans ce cas, ils simulent une sorte de réticulation. Ils sont d'autant plus gros qu'ils sont moins nombreux. Assez souvent je les ai vus formés par une simple série de

(1) *Philosoph. Transact.*, Londres, 1838.

cellules agglutinées bout à bout et comme tiraillées. M. Bischoff (1) prétend n'avoir jamais aperçu ces filaments, ou rétinacles, comme il les nomme; je pourrais dire qu'il m'est rarement arrivé de ne pas les rencontrer, même en opérant grossièrement, c'est-à-dire en ouvrant sans précaution les vésicules de Graaf, et en laissant épancher leur contenu sur une lame de verre.

Quoique la production de ces filaments ne puisse encore être expliquée d'une manière satisfaisante, pourtant, on peut jusqu'à un certain point la concevoir. Il est probable que cette particularité, dont les Rongeurs seuls m'ont présenté des exemples, provient de ce que le liquide visqueux, qui s'introduit dans les follicules de Graaf pour les distendre, pénètre irrégulièrement à travers les cellules contenues dans ces follicules, et s'y creuse, en divers sens, des lacunes qui laissent exister entre elles ces colonnes de cellules agglutinées dont je viens de parler.

Quelle est la fonction de ces filaments ou rétinacles? ont-ils pour usage, comme M. Barry et quelques autres physiologistes après lui l'ont supposé, de maintenir l'ovule dans une position fixe? Sont-ils destinés à déterminer sa sortie en l'entraînant avec eux?

S'il était vrai qu'ils eussent pour usage d'empêcher l'ovule de flotter dans la cavité de la vésicule de Graaf, on devrait, en raison de cette fonction hypothétique, les rencontrer chez tous les Mammifères, puisque, chez tous, l'ovule est immobile. Or, nous venons de voir que chez la femme, la Chienne, la Brebis, etc., celui-ci est fixé dans un point de la capsule

(1) *Développ. de l'homme et des Mammifères* Encyclop. anat.), p. 33.

de l'ovaire, sans que ces filaments soient intervenus, et sans même qu'il y ait eu nécessité d'une pareille intervention. D'ailleurs, chez la Lapine, ces espèces de colonnes de cellules sont, si je puis dire, une sorte de supplément; car on pourrait aisément les supprimer sans que pour cela l'ovule perdît la position que lui assure la couche celluleuse dans laquelle il est enfoui. Quant au rôle que leur assigne M. Barry au moment de la déhiscence, rien ne prouve qu'ils le remplissent, puisque chez les autres Mammifères et la femme, l'ovule sort sans le secours de ces filaments accidentels.

Telles sont, dans l'espèce humaine et les Mammifères, les relations de l'ovule avec la membrane celluleuse, et la capsule ovarienne qui le renferme. Si maintenant nous examinons cette capsule sous le rapport de son organisation intime, nous trouverons qu'en outre de la couche celluleuse dont je viens de parler, couche qu'on peut, en quelque sorte, considérer comme lui étant étrangère, le follicule de Graaf est encore formé de deux membranes ou feuillets principaux, qui lui sont propres et qui font partie intégrante du tissu de l'ovaire.

L'un d'eux, le plus profond, celui par conséquent qui se trouve immédiatement en contact avec la couche celluleuse qui maintient l'ovule dans une position fixe, est, par sa nature, plutôt muqueux que fibreux. Il est mou, assez épais, excessivement peu retractile, parcouru par un réseau vasculaire très-riche, composé enfin de cellules granuleuses dont l'assemblage forme un tissu qui a une certaine résistance. C'est le plus important des feuillets de la vésicule de Graaf, car c'est sur lui que se passeront les principaux phénomènes qui déterminent la cicatrisation de l'ovaire, après la chute de l'œuf. Nous verrons, en effet, qu'il se convertira tout entier en corps jaune.

L'autre feuillet propre de la capsule ovarienne est placé en dehors de celui que je viens d'indiquer : sa face interne est donc en contact avec la face externe du précédent, et, extérieurement, il a des rapports de contiguité et de continuité avec le reste du tissu de l'ovaire, qui se feutre autour de lui de manière à former un nombre plus ou moins grand de couches concentriques. D'une autre part, il est recouvert, dans le point saillant de la vésicule de Graaf, par un faible reste de tunique albuginée et par le péritoine. Ce feuillet est très rétractile, vasculaire comme le premier, et paraît formé de fibres entrelacées.

C'est entre ces deux feuillets et dans le tissu cellulaire qui les tient unis ensemble, que rampent les principaux troncs à la faveur desquels la capsule ovarienne s'alimente, et ces troncs, en fournissant des rameaux qui passent d'une membrane à l'autre, constituent entre elles un second moyen d'union.

En résumé, la vésicule de Graaf de la femme et des Mammifères se compose donc :

1° De deux feuillets qui lui sont propres. Un externe, fibreux, élastique; un interne, muqueux, plus épais, non rétractile;

2° D'une couche celluleuse, tapissant le feuillet interne, destinée à maintenir dans une position fixe, et vers le point culminant de la capsule, l'ovule qui se trouve saisi dans une portion épaissie de son étendue;

3° Enfin, d'un liquide visqueux, incolore, plus ou moins

abondant selon les espèces, et selon le développement des follicules de Graaf, liquide qui est contenu dans la cavité de la couche celluleuse, et dans lequel nagent des cellules, probablement détachées de cette dernière, des globules qui paraissent de nature graisseuse et des granules.

Par quel mécanisme cette vésicule, ainsi constituée, s'ouvre-t-elle pour livrer passage à l'ovule, et quelle est la part de chacune de ses parties dans l'accomplissement de ce phénomène?

Chez les Oiseaux, les Reptiles, les Poissons, les Invertébrés en général, j'ai montré que l'œuf, en grandissant, distendait outre mesure la capsule où il est logé, et finissait par se frayer un passage, en déterminant lui-même la rupture des membranes qui l'enveloppent, dans le point où ces membranes, amincies par l'effet d'une compression toujours croissante, offrent le moins de résistance. Mais, dans l'espèce humaine et les Mammifères, ai-je dit aussi, l'ovule n'ayant environ que quinze centièmes de millimètre de diamètre, ne pourrait jamais vaincre, par sa propre action, la résistance que lui opposeraient les feuillets de la loge où il est né et le péritoine, si l'intervention d'un fluide particulier ne devait suppléer à cette sorte d'impuissance. C'est, en effet, au liquide que contient la capsule ovarienne qu'est confié, ici, le soin de l'expulsion de l'ovule.

On peut, en quelque sorte, assister au travail préparatoire de ce phénomène, en prenant des vésicules de Graaf à divers degrés de développement. D'abord petites et ensevelies dans le tissu de l'ovaire, ces vésicules tendent de plus en plus à proéminer à la surface de l'organe dont elles font partie, mais sans jamais s'en isoler, ni se pédiculer comme chez les

Oiseaux et les Reptiles. Leurs parois, dans toute la portion qui fait saillie, s'amincissent, deviennent transparentes; les vaisseaux qui les parcourent, comprimés par l'effet de la dilatation, perdent de leur volume, s'oblitèrent et s'atrophient, surtout dans le point le plus culminant, où la résistance aux efforts de la compression est moins puissante. Enfin, parvenues au terme de leur accroissement, les capsules ovariennes semblent demeurer stationnaires jusqu'au moment où une surexcitation provoquée, soit par la maturité de l'œuf, soit par le rapprochement des sexes, vient en déterminer la rupture. Alors, sous l'influence de cette action stimulante, le liquide, surabondamment sécrété, afflue dans leur cavité distendue outre mesure; leurs parois, déjà fort amincies, ne pouvant plus résister à cet excès de distension, se déchirent vers le point le plus saillant, comme celles d'un abcès qui s'ouvre spontanément, et, en se rétractant, expriment sans violence le fluide qu'elles contiennent. Ce fluide rencontrant sur son passage la portion de la couche celluleuse dans l'épaisseur de laquelle l'ovule est compris, la détache et l'entraîne avec lui, pendant que, de son côté, le pavillon, par un mécanisme que nous expliquerons plus loin, vient le saisir et le diriger dans la trompe.

Si, par exception, l'ovule, au lieu d'être fixé au point culminant de la capsule ovarienne, se trouve dans le fond ou sur les côtés, il peut arriver que le liquide, en sortant, ne l'entraîne pas avec lui, ce qui très-probablement est une des causes de la grossesse ovarique. Cependant, on conçoit encore que, même dans ce cas, son expulsion ne soit pas impossible. En effet, la couche celluleuse, dans l'épaisseur de laquelle l'ovule est retenu, ne fait point partie du tissu de l'ovaire;

elle est simplement accolée à la paroi interne de la capsule qu'elle tapisse, sans lui adhérer par aucun lien organique : en sorte que, quand cette capsule déchirée se rétracte, la couche celluleuse, plissée par suite de cette retraction, se soulève en lambeaux plus ou moins étendus, et si l'œuf est logé dans un de ces lambeaux, on comprend qu'il puisse suivre le fluide qui s'écoule.

La rupture des parois de la vésicule de Graaf ne se fait pas d'une manière brusque; elle est lente et progressive. Les membranes qui sont propres à cette vésicule sont les premières à se déchirer ; une petite extravasation sanguine, occupant toujours leur sommet, est l'indice certain de cette déchirure. Le feuillet péritonéal ne cède qu'après que cette première altération s'est produite. Plusieurs fois j'ai observé ce fait sur des Lapines tuées huit ou dix heures après l'accouplement, au moment, par conséquent, où le travail de la déhiscence s'accomplit. J'ai également constaté que la chute des œufs n'était pas simultanée. Pendant que les uns sont descendus assez loin dans les trompes, que les autres s'y engagent à peine ou sont encore sur le pavillon, il en est qui, quoiqu'expulsés, tiennent à l'ovaire par l'intermédiaire de la couche celluleuse, et d'autres enfin qui restent emprisonnés dans les follicules de Graaf, devenus cependant le siége d'un commencement de déhiscence.

Ainsi donc, la nature arrive au même résultat par des moyens différents; et, tandis que chez les Oiseaux, les Reptiles, les Poissons et les Invertébrés, l'œuf opère lui-même sa délivrance en brisant les membranes qui l'enveloppent, dans l'espèce humaine et les Mammifères l'accomplissement de ce phénomène est confié à un fluide particulier. Il y a encore cette différence entre les uns et les autres que, chez les premiers, l'œuf sort libre de toute entrave et se trouve immédiatement en contact avec l'oviducte, tandis que, dans les seconds, il sort enveloppé d'une portion de la couche celluleuse qui le fixait sur un point de la capsule ovarienne.

Cependant M. Pouchet, guidé par les observations qu'il a faites principalement sur les ovaires des Truies, ne croit pas à l'exactitude de l'explication si simple, si naturelle, à l'aide de laquelle nous venons de rendre compte de la rupture des capsules ovariennes de l'espèce humaine et des Mammifères. D'après sa manière de voir, le liquide qui distend ces capsules, et à l'accumulation excessive duquel nous en avons attribué la rupture, serait complétement étranger à la réalisation de ce phénomène. Au lieu de persister jusqu'au dernier moment et de provoquer l'expulsion de l'œuf, il serait résorbé, au contraire, précisément à l'époque de la déhiscence. A mesure qu'il disparaîtrait, un caillot sanguin se formerait dans les capsules en voie de maturation, et c'est à l'intervention exclusive de ce caillot qu'il faudrait attribuer leur déchirure et la sortie de l'œuf. Voici du reste comment il suppose que les choses se passent · l'œuf, au lieu d'être placé au sommet de la capsule ovarienne, comme nous l'avons admis, en occuperait toujours le fond, et resterait fixé dans ce point au moyen de la membrane celluleuse. Bientôt un épanchement de sang aurait lieu entre la capsule et la portion de cette membrane dans l'épaisseur de laquelle l'œuf se trouve niché. Cet épanchement donnerait naissance à un caillot qui, en grossissant, soulèverait la membrane celluleuse, et amènerait peu à peu l'œuf du fond vers la surface, sans le dégager toutefois de la niche où il reste enchâssé.

Le soulèvement de la membrane celluleuse augmenterait toujours avec le caillot qui la pousserait, et l'œuf finirait ainsi par arriver au contact du point diamétralement opposé de la capsule, dont la cavité, naguère remplie par un liquide albumineux, se trouverait alors envahie tout entière par le caillot plus développé. Ce caillot aurait donc la double fonction de transporter l'œuf du fond de la capsule jusqu'à la surface, et de déterminer celle-ci à se rompre, pour livrer passage à cet œuf.

L'observation démontre que les faits sont contraires à une semblable hypothèse. A la vérité, chez la Truie, j'ai bien vu, comme M. Pouchet, un caillot sanguin remplissant la cavité de toutes les capsules rompues, mais j'ai acquis la certitude que ce caillot ne s'y forme jamais que lorsque le fluide albumineux s'en est échappé en entraînant l'œuf avec lui. Sa présence constante n'a donc rien de commun avec la déhiscence; elle se rattache à la cicatrisation des capsules rompues, c'est-à-dire à la formation des corps jaunes. D'autres fois aussi il m'est arrivé de voir des extravasations sanguines sur les parois de vésicules de Graaf intactes, et plus souvent encore du sang s'épancher dans leur cavité, se mêler au liquide qu'elles renferment et le colorer d'une manière plus ou moins prononcée. Ces hémorrhagies sont de simples accidents, résultant d'une distension trop rapide des capsules ovariennes.

Il est vrai que M. Pouchet, considérant son hypothèse comme un fait acquis, a cru pouvoir représenter, par des figures spéciales, les diverses phases à l'aide desquelles il suppose que le caillot conducteur dirige l'œuf et déchire les parois des capsules; mais aucune de ces figures n'est évidemment l'image d'une forme copiée sur la nature; elles sont toutes théoriques et conçues de manière à rendre la pensée de l'auteur plus facile à saisir. Il ne faut pas leur attribuer d'autre signification.

Je ne puis donc m'empêcher de persévérer dans l'opinion que j'ai exprimée plus haut, et, malgré cette nouvelle tentative d'explication, les faits restent ce que je les ai vus : les capsules ovariennes de l'espèce humaine et des Mammifères sont bien en réalité distendues et déchirées par l'influence du liquide albumineux qu'elles renferment. La chute de l'œuf n'a pas lieu par un autre mécanisme.

CAUSE DE LA DÉHISCENCE.

On avait observé de tout temps que, chez la plupart des animaux, les œufs naissent spontanément dans les ovaires, y mûrissent par la seule puissance inhérente à l'organisme de la mère ou par leur activité propre; qu'ils déchirent leurs capsules pour s'engager dans l'oviducte, sans qu'il y ait une relation nécessaire entre la cause de leur chute et le phénomène de la conception dont ils sont destinés à devenir le siége.

Personne n'ignore, en effet, que les femelles des Oiseaux, et les Poules en particulier, pondent avec une grande régularité, même quand elles vivent solitaires. Les Insectes déposent également leurs œufs, bien qu'après leurs métamorphoses on ait eu soin d'éloigner les mâles.

Ce fait est bien plus évident encore sur les espèces dont les œufs ne sont jamais fécondés qu'après leur expulsion préalable, et, dans certains cas, que lorsque la mère les a complètement abandonnés. Tout le monde sait que, chez les Batraciens anoures, par exemple, le mâle, cramponné à la femelle, n'arrose les œufs de son fluide séminal, qu'à mesure que cette dernière les expulse. Chez les Poissons osseux, chez ceux du moins qui ne sont pas vivipares, la mère est déjà loin de sa progéniture quand le mâle vient mêler sa semence à l'eau qui doit lui servir de véhicule.

Ainsi donc, la formation, l'accroissement, la maturation spontanée des œufs dans l'ovaire, leur chute indépendante de la conception, sont, en ce qui concerne les animaux dont je viens de parler, des faits de tout temps acquis à la science par les données de l'expérience la plus vulgaire. Il n'y a évidemment entre le sperme qui s'élabore dans le testicule, et l'œuf qui mûrit dans l'ovaire, d'autre rapport que celui d'être destinés à se combiner ensemble; mais l'influence de l'un n'est pas nécessaire à l'autre pour en déterminer la maturation ou en provoquer la chute.

Cependant, une grande exception à cette loi fut toujours admise pour les Mammifères en général, pour l'espèce humaine en particulier, et, tant que l'ovule est resté inaperçu dans les follicules de Graaf, il a été difficice de faire entrer les vertébrés supérieurs dans la règle commune. Dans l'ignorance où l'on était du véritable état des choses, on pouvait se croire encore en droit de supposer que le fluide séminal, introduit dans le sein maternel, devait seul y déterminer les produits secrétés par les ovaires à se convertir directement en germes et leur communiquer le pouvoir de se dévolopper, comme Buffon lui-même l'admet dans sa célèbre théorie *des molécules organiques*.

L'on fut pourtant définitivement obligé de renoncer à

cette manière de voir, lorsqu'en 1827 M. Baer eut démontré que non-seulement la femme et les Mammifères avaient des œufs, mais que ces œufs préexistaient dans leurs ovaires à l'acte de la conception. Personne, depuis cette époque, n'a songé à élever le moindre doute sur la réalité de cette préexistence, ni sur la maturation spontanée du produit femelle de la génération. Tout le monde a donc reconnu, depuis cette découverte, que, sous ce double rapport, les faits se passent ici comme partout ailleurs. Mais quand il s'est agi d'expliquer comment ces œufs préformés se détachaient des ovaires, au lieu d'admettre que leur délivrance était aussi le résultat de leur propre maturité et de la rupture spontanée des capsules qui les renferment, on a généralement attribué ce phénomène à l'influence exclusivement déterminante de la conception, jusqu'au moment où je me suis élevé contre les exagérations de cette doctrine.

J'avais eu, en effet, pendant les recherches auxquelles je m'étais livré depuis 1834, de si fréquentes occasions de constater qu'à l'époque du rut les vésicules de Graaf devenaient constamment le siége d'une tuméfaction, signe précurseur de leur rupture prochaine et de la chute spontanée des œufs, que, dès 1837, et avant que la question eût été soulevée par les auteurs qui s'en sont occupés depuis, je n'hésitai pas à considérer l'émission des œufs de la femme et des Mammifères comme un acte tout aussi indépendant de l'influence du mâle, qu'il pouvait l'être chez les animaux où cette indépendance n'a jamais été contestée; et voici comment j'exprimais cette idée (1) : « A l'époque du rut, les

(1) *Embryogénie comparée*. Paris, 1837, p. 454 et 455.

» vésicules de Graaf, celles du moins qui sont arrivées à
» maturité, distendues par le liquide au sein duquel l'œuf
» se trouve suspendu, se déchirent en nombre fort variable...
» Mais à quelle époque ces œufs sont-ils parvenus dans la
» matrice? Est-ce quelques heures ou plusieurs jours après
» l'accouplement?... Le passage des œufs dans les cornes
» de la matrice ne saurait avoir lieu à une époque rigoureu-
« sement déterminée pour toutes les femelles; car puisque,
» comme le prouve l'existence des corps jaunes dans les
» ovaires des femelles vierges, *la déchirure des vésicules de*
» *Graaf se produit indépendamment de l'acte copulateur*, il
» s'ensuit que, dans les cas où l'accouplement a lieu lors
» de leur maturité complète, elles laissent échapper l'œuf au
» moment même, ou à une époque plus ou moins éloignée,
» suivant qu'elles se rompent d'une manière plus ou moins
» tardive. On peut concevoir aussi que si l'accouplement ne
» s'opère qu'à une époque postérieure à celle qui est mar-
» quée pour leur maturité normale, les œufs, parvenus dans
» l'utérus ou en voie d'y arriver, reçoivent l'influence du
» mâle ou dans celui-ci, ou pendant qu'ils parcourent le
» canal vecteur. »

Ainsi donc, comme on en peut juger par le passage que je viens de citer, non-seulement, dès cette époque, j'avais constaté le fait de la chute spontanée de l'œuf chez les vertébrés supérieurs, mais ce fait m'avait paru si positivement acquis à la science, que je proposai d'en tenir compte pour déterminer le lieu où la conception devait s'accomplir.

Du moment, en effet, où il était démontré que la déchirure des follicules de Graaf, et la mise en liberté de l'œuf, n'étaient pas sous la dépendance exclusive de l'action du mâle, il devenait certain que le point de rencontre de cet œuf librement détaché de l'ovaire et du sperme qui vient au-devant de lui, devait varier dans des limites désormais rigoureusement appréciables. C'est aussi, comme je le montrerai plus loin, ce que toutes les observations ultérieures ont mis de plus en plus en évidence. Mais le moment n'est point encore venu de traiter une semblable question. Elle sera plus utilement discutée dans le chapitre que nous consacrerons à l'analyse du phénomène de la conception.

Quatre ans après la publication de mon ouvrage, M. Pouchet (1) ayant reconnu l'exactitude du résultat de mes observations, et la légitimité des conséquences que j'en avais déduites, confirma le fait de la rupture spontanée des vésicules de Graaf, le mit en lumière; et, quoique sur plusieurs points il me soit impossible de partager les opinions qu'il professe, je n'en reconnais pas moins qu'il a puissamment contribué à faire prévaloir une idée dont j'ai le premier montré toute l'importance. Mais il n'a pas pu se préserver des exagérations auxquelles tous les physiologistes se sont beaucoup trop facilement laissés entraîner.

Cette idée fut ensuite confirmée par les intéressantes recherches de M. Raciborski (2), et, jusqu'à un certain point aussi, par celles de M. Bischoff (3). Cependant les expériences de ce dernier physiologiste sont loin d'avoir le caractère décisif qu'il leur attribue. Elles ont été faites dans des conditions telles qu'il est impossible d'en rien conclure rela-

(1) *Théorie positive de la fécondation,* Paris, 1842.

(2) *De la ponte périodique chez la femme et les Mammifères.* Paris, 1844.

(3) *Annales des Sc. nat.*, 2e sér., T. XX, p. 93, et 3e sér., T. II, p. 10 et suiv.

tivement au problème qu'elles sont destinées à résoudre. De quoi s'agissait-il, en effet? Il fallait démontrer que les œufs des Mammifères pouvaient s'échapper de l'ovaire à travers les parois spontanément rompues de leurs capsules, et, par conséquent, sans la participation du mâle. Or, M. Bischoff n'ayant presque jamais opéré que sur des femelles préalablement soumises à l'acte de la copulation, a précisément fait intervenir l'influence qu'il fallait éviter. Il est vrai que pour s'opposer à l'ascension du fluide séminal vers les ovaires et préserver les œufs de son contact, il a lié les trompes utérines. Mais si l'on n'avait, pour se former une opinion, que les expériences dont il est ici question, il serait évidemment impossible de conclure; car rien ne prouverait que ce n'est point à l'excitation même du coït qu'il faut attribuer la chute des œufs.

Quand, en effet, selon l'ancienne doctrine, l'on attribuait à l'influence du mâle le pouvoir de détacher les œufs, on ne spécifiait pas quelle pouvait être la nature de cette influence, puisqu'on n'avait point encore constaté que le fluide séminal pût arriver jusqu'aux ovaires; mais on croyait d'une manière générale que l'excitation produite sur l'appareil génital par le fait même de l'accouplement, était la cause efficiente, exclusive, unique, de la rupture des follicules de Graaf et de la mise en liberté des œufs. Il était donc essentiel, pour détruire cette erreur, de choisir des cas dans lesquels toute espèce de participation masculine fut rigoureusement évitée. Ces précautions indispensables n'ayant pas été prises, il en est résulté que les expériences de M. Bischoff sont à la fois insuffisantes et trompeuses. Elles sont insuffisantes, parce qu'elles n'aplanissent pas toutes les difficultés; elles sont trompeuses, parce qu'elles sont susceptibles d'une double interprétation.

En effet, les physiologistes (1) qui, avant M. Bischoff, se sont livrés à de semblables expériences, n'ont jamais songé à en tirer les conséquences que cet auteur en a déduites. Ils s'en sont même servis pour corroborer l'opinion diamétralement opposée. Ainsi, pour n'en citer qu'un exemple, Haighton (2) coupa à plusieurs Lapines un oviducte ou les deux à la fois. Parmi celles de ces Lapines qui s'accouplèrent après cette excision, quelques-unes le firent infructueusement, parce que leurs ovaires avaient probablement été altérés par suite de l'opération. Il y en eut trois cependant, celles auxquelles il n'avait coupé qu'un seul oviducte, qui conçurent. Les deux ovaires présentèrent des corps jaunes; mais il n'y eut d'œufs développés que ceux qui provenaient de l'ovaire correspondant à l'oviducte resté intact, quoique pourtant l'ovaire du côté opposé eût émis les siens, comme la présence des corps jaunes en donna la preuve. Le résultat de ces expériences, en tout conforme à celui que M. Bischoff a obtenu plus tard, loin d'inspirer l'idée à Haighton que l'action du mâle fût inutile pour provoquer la déchirure des follicules de Graaf, l'amena à penser, au contraire, que, malgré l'interruption de l'un des oviductes, les ovaires avaient été influencés par l'excitation produite par l'accouplement. Ces expériences prouvent seulement, en effet, qu'il n'est point nécessaire

(1) Parmi ces physiologistes il faut consulter Nuck (*Adenographia curiosa*, 1773);—Grassmeyer (*De fecundatione et conceptione humana*.Diss. Gœtting, 1789);—Cruikshank (*Philos. Transact.*, 1797); — Blundell (*Medico-Chirurg. Transact.*, T. X, 1819; *Meckel's Arch.*, T. V, et *Princip. and practice of obstetricy*, 1824); Haussmann (*Ueber die Zeugung des wahren weiblichen Eies.*)

(2) *Reil's Archiv.* III, p 46.

que le fluide séminal aille se mettre directement en contact avec les ovaires pour provoquer la déchirure des vésicules de Graaf ou la formation des corps jaunes; mais elles ne prouvent pas que son contact avec la muqueuse utérine ne soit pas la cause efficiente de ce phénomène; car il est impossible d'arguer d'un cas où le mâle intervient, pour démontrer que son influence est nulle. Bien plus, tant que l'expérimentation ne prendra pas une meilleure voie, l'opinion opposée pourra paraître la seule que l'on puisse légitimement accueillir, puisque d'après les faits cités ce n'est ordinairement qu'après le coït que les œufs ont été trouvés dans l'utérus. Nous allons établir, au reste, par des preuves directes, que cette manière de voir n'est pas aussi radicalement fausse que M. Bischoff et la plupart des physiologistes ont fini par le supposer. La participation directe du mâle comme influence provocatrice de la rupture des follicules de Graaf, n'est pas incompatible, quand on se place en dehors de tout esprit de système et qu'on se met à l'abri des fausses inductions d'une expérimentation mal dirigée, avec l'idée de l'émission spontanée des œufs. Les faits que je vais faire connaître rendront cette proposition incontestable.

Quoi qu'il en soit de la valeur des expériences défectueuses de M. Bischoff, il n'en est pas moins établi par les travaux publiés en France, que, chez la femme et les Mammifères, les vésicules de Graaf peuvent se rompre spontanément, comme les capsules ovariennes de tous les animaux, sans que la fécondation soit nécessaire pour que ce phénomène s'accomplisse. C'est un point de doctrine qui est désormais hors de toute contestation. Quand les œufs ont atteint leur complète maturité, ils s'échappent naturellement de l'ovaire, passent dans l'oviducte, descendent dans la matrice, sont versés au dehors, si toutefois leur décomposition n'a pas eu lieu en route.

Mais de ce que, chez la femme et les Mammifères, la rupture des capsules ovariennes est un acte qui n'a pas besoin de l'intervention du mâle pour s'accomplir, faut-il en conclure que cette intervention soit complètement nulle quand elle s'exerce en temps opportun? Je ne puis, sur ce point, partager les idées exclusives qu'on s'est beaucoup trop hâté de propager.

L'expérience m'a appris, au contraire, que si le rapprochement des sexes n'est pas la cause essentielle du phénomène, il a au moins le pouvoir d'en précipiter la réalisation, et souvent même d'empêcher qu'il n'avorte. J'ai vu, en effet, que sur des Lapines tuées dix ou quinze heures après le coït, les œufs avaient ordinairement quitté les ovaires, pendant qu'ils y étaient encore renfermés longtemps encore sur celles qu'on avait eu soin de soustraire au mâle au moment même où elles allaient en subir l'influence. Il y a donc entre une femelle fécondée et celle dont on a empêché l'accouplement cette différence, que, dans l'une, la rupture des capsules ovariennes est prompte et que, dans l'autre, elle est tardive, ou même, dans certains cas, ne se réalise point.

Ce retard ou cette précipitation sont des circonstances qu'on ne peut négliger de prendre en considération, quand on veut déterminer d'une manière rigoureuse le lieu où doit s'opérer la rencontre des œufs avec le sperme et la durée des époques pendant lesquelles les femelles sont susceptibles d'être fécondées. Je vais donc préciser les faits, afin que nous puissions en invoquer, plus tard, l'autorité pour résoudre ces deux problèmes.

Première expérience. Une Lapine en chaleur fut mise au mâle. Elle montra une si grande ardeur, que presque au même instant l'accouplement aurait eu lieu si, à plusieurs reprises, on n'y eût mis obstacle. Après avoir ainsi constaté qu'elle était bien réellement dans cet état où, quand il a lieu, le rapprochement des sexes est ordinairement fécond, on transporta la femelle dans une cage séparée. Le lendemain l'expérience fut répétée, en ayant toujours le soin d'empêcher le coït au moment même où il allait s'accomplir. Enfin, le surlendemain, quarante-cinq heures après la première expérience, la femelle, qui manifestait encore le désir de s'accoupler, fut ouverte et voici ce que l'examen des parties génitales internes permit de constater : l'utérus, les oviductes, les pavillons, se trouvaient dans un état de turgescence et d'injection qui sont les caractères du rut; les ovaires étaient intacts; sur celui du côté gauche il y avait six vésicules de Graaf fortement distendues; sur celui du côté droit il y en avait deux dans le même état, mais aucune d'elles n'offrait de traces de rupture. Les œufs renfermés dans ces vésicules distendues, ne paraissaient le siége d'aucune altération; ils avaient tous leur vésicule germinative.

En réfléchissant à la signification de l'expérience que je viens de rapporter, on ne peut s'empêcher de reconnaître que cette expérience tend à démontrer l'active influence exercée par le mâle sur les follicules de Graaf pour en provoquer la rupture ; car si, dès le premier jour, on avait laissé la femelle libre de s'accoupler, l'émission des œufs aurait eu lieu dix ou douze heures après le coït. Or trente-cinq heures se sont écoulées au-delà de ce terme ordinaire, et cependant ces mêmes œufs étaient renfermés dans leurs capsules intactes;

et l'état dans lequel j'ai trouvé ces capsules, indiquait que leur séjour s'y serait prolongé davantage. C'est, du reste, ce que le fait suivant va mettre en évidence.

Deuxième expérience. Une Lapine en chaleur fut, trois jours de suite, présentée au mâle, pendant une ou deux minutes chaque fois, et manifesta constamment un vif désir de s'accoupler; mais on eut toujours la précaution d'empêcher le rapprochement. Le quatrième jour elle cessa d'être en rut, et le cinquième elle fut ouverte. Son utérus et ses trompes étaient injectés d'un sang noirâtre, les ovaires n'offraient aucune trace de déchirure. Sur celui du côté droit on remarquait sept vésicules de Graaf turgescentes, mais intactes; il n'y en avait qu'une seule, dans le même état, sur celui du côté gauche. Il est donc évident que, dans ce cas, les capsules ovariennes n'ayant pas été sollicitées par la stimulation que la conception leur fait ordinairement éprouver, sont restées stationnaires, non-seulement pendant toute la durée du rut, mais encore pendant vingt-quatre heures après cette période.

Ainsi donc, il peut se faire que la rupture des follicules de Graaf, chez les Lapins du moins, soit retardée par la seule raison que le mâle n'est pas intervenu; il peut arriver aussi que, par le même motif, elle ne se réalise point du tout, et, dans ce cas, ou les follicules restent stationnaires, conservent leurs œufs emprisonnés, les tiennent en réserve pour les mettre en liberté à la prochaine époque du rut, ou bien deviennent le siége d'un travail rétroactif qui les résorbe et les efface. Je donnerai ailleurs, sur ce point important, tout les documents nécessaires; je dirai seulement ici que le retard ou l'avortement de la déhiscence des capsules ovariennes, n'est point incompatible avec les idées que nous avons exprimées sur la chute spontanée des œufs. Certainement toutes les vésicules de Graaf qui deviennent turgescentes à l'époque du rut, peuvent se rompre spontanément, et le font, en effet, dans un très-grand nombre de cas; mais souvent aussi l'activité dont elles sont douées pour atteindre ce but est insuffisante, et si l'influence toujours efficace du mâle ne vient pas leur imprimer une stimulation nouvelle, le phénomène n'aboutit point au résultat vers lequel il tendait.

Il n'est pas étonnant que le coït et l'introduction du fluide séminal dans les parties génitales de la femelle exercent, chez les Mammifères, une influence qu'ils ne peuvent avoir chez les autres animaux. Leur efficacité dans un cas et leur impuissance dans l'autre, tiennent évidemment à la différence de la cause qui produit la déhisence. Chez les animaux dont les capsules ovariennes sont rompues par la seule distension que l'œuf leur fait éprouver, il faut nécessairement, pour que cette rupture se réalise, que cet œuf, parvenu au terme de sa maturité, agisse lui-même sur ces capsules; mais chez ceux, au contraire, où le phénomène résulte d'un mouvement fluxionnaire qui remplit les follicules du fluide qui doit les distendre et les faire éclater, on comprend que le coït et le sperme, faisant office de stimulus, puissent aggraver la fluxion et la relever quand elle se ralentit ou rétrograde. C'est par ce seul motif, et à cause de cette particularité, je le répète, que l'influence du mâle, inutile ou insuffisante partout ailleurs, peut devenir ici toujours accélératrice et souvent déterminante.

J'établirai aussi sur des preuves multipliées, tirées de l'examen de cadavres d'un très-grand nombre de femmes suicidées, dont j'ai pratiqué l'autopsie à la Morgue, que, sous plusieurs rapports, l'espèce humaine doit présenter les mêmes particularités que je viens de signaler chez les Mammifères.

ÉPOQUE DE LA DÉHISCENCE.

RUT ET MENSTRUATION.

Pendant la première période de l'existence des femelles, c'est-à-dire depuis la naissance jusqu'au moment où elles sont aptes à se reproduire, les œufs, qui se forment d'assez bonne heure pour qu'on puisse déjà en découvrir, chez certaines espèces, dans les ovaires des fœtus à terme, vivent, si je puis dire, d'une vie latente, restent stationnaires, et ne commencent réellement à grandir qu'aux approches de la puberté. Alors leur accroissement devient très-rapide; ils distendent outre mesure les capsules qui les renferment, ou y attirent les fluides qui doivent en provoquer la rupture.

Sous l'influence du travail qui s'accomplit au sein de leur tissu, les ovaires exercent, à cette époque, une fonction qui doit avoir le plus grand retentissement sur tout le reste de l'organisme. Les oviductes et l'utérus, tuméfiés et turgescents, subissent des changements de structure qui leur permettent de fournir au produit qui doit les traverser, tous les éléments adventifs dont il a besoin pour se développer, soit dans leur cavité, soit au milieu de circonstances extérieures. En un mot, les animaux qui se trouvent dans les conditions que j'indique, entrent *en rut ou en amour*.

Cet état particulier et nouveau de leur organisme signifie qu'au moment où les signes extérieurs qui le caractérisent se manifestent, il y a, dans les ovaires, des œufs en voie de maturation complète et à la veille de s'en échapper par la rupture spontanée des capsules amincies. Les femelles, excitées alors par l'influence prépondérante qu'exerce sur l'ensemble de leur économie le travail intime qui s'accomplit dans les organes de la génération, obéissent à la voix impérieuse de l'instinct, recherchent les mâles, cèdent avec empressement à leurs sollicitations pendant la période transitoire, ordinairement assez courte, toujours abrégée par le coït, durant laquelle la chute des œufs est imminente. Mais cette époque passée, elles résistent invinciblement jusqu'au retour de la maturation périodique à laquelle elle seront désormais soumises.

Ce retour, qui a toujours lieu d'une manière régulière, mais à des intervalles différents selon les espèces, et qui coïncide, dans le plus grand nombre de cas, avec les saisons, se traduit souvent au dehors par des signes caractéristiques. Chez les Poules, c'est la rougeur et la coloration plus intenses de la crête; chez les Lapines, c'est la tuméfaction et l'injection pour ainsi dire variqueuse de l'appareil vasculaire de la vulve. Cette tuméfaction et cette injection sont accompagnées, chez la Chienne, d'une sécrétion odorante, liquide, qui attire les mâles et les met sur la trace des femelles. Chez les Singes, il y a un écoulement sanguin plus ou moins abondant (1). Cet écoulement coïncide, chez les Macaques et

(1) Pour la menstruation des quadrumanes, voir : Buffon, *Hist. nat. gener. part.*, Paris, 1770, T. XII, p. 44. — F. Cuvier et E. Geoffroy Saint-Hilaire,

les Cynocéphales, avec un boursoufflement quelquefois si monstrueux de la vulve que, dans certains cas, toutes les parties environnantes en sont envahies et infiltrées, comme si une ou plusieurs piqûres d'Abeille les avaient enflammées. G. Cuvier en compare le volume, chez le Mandrill, à la tête d'un enfant, et M. Isidore-Geoffroy Saint-Hilaire (1) a vu une énorme protubérance de cette nature se propager, chez une espèce de Macaque (*Macacus libidinosus*), non-seulement à l'anus et aux callosités, mais encore à toute la partie inférieure de la queue. En même temps, chez ces animaux, la peau se colore en rouge et prend un aspect semblable à celui d'un vaste phimosis.

Ainsi donc, c'est seulement aux époques du rut que, chez les animaux, la déhiscence s'opère. En dehors de ce laps de temps, elle ne se réalise jamais, et c'est pour cela que les femelles refusent obstinément de subir un accouplement qui serait nécessairement stérile. L'émission des œufs est, par conséquent, périodique comme le rut qui en est le signe extérieur, ou qui, du moins, en exprime l'imminence.

Cette proposition, qui est vraie pour les Mammifères comme pour tous les autres animaux, peut-elle s'appliquer

Hist. nat. des Mammifères, Paris, 1825. — E. Geoffroy Saint-Hilaire, *Cours sur l'Hist. nat. des Mammifères*, Paris, 1829. — Burdach, *Traité de physiologie*. Paris, 1831, T. II, p. 20. — Rengger, *Hist. nat. des Mammifères du Paraguay*, Bâle, 1830, p. 30. — Érenberg., *Mémoires de l'Académie de Berlin*, 1833, p. 351 et suiv. — Breschet, *Recherches sur la gestat. des Quadrumanes*, (Mémoires de l'Ins.), 1845, T. XIX, p. 401. — Raciborski, *De la puberté et de l'âge critique chez la femme*, Paris, 1845. — I. Geoffroy Saint-Hilaire, *Dict. class. d'Hist. nat.* (article Mammifères), Paris, 1830, T. X, p. 117.

(1) *Dict. class. d'Hist. nat.*, T. IX, p. 159.

à l'espèce humaine? La femme est-elle soumise à la même loi, et les époques de la menstruation seraient-elles les seules pendant lesquelles se ferait la déhiscence et l'émission périodique des œufs? C'est ce que nous allons examiner avec une rigoureuse attention; car, si nous parvenons à résoudre ce problème, nous aurons préparé tous les arguments nécessaires pour discuter efficacement la question de savoir si la conception est possible en tous temps, ou bien si elle ne l'est qu'à des époques fixes, en deçà et en delà desquelles tous les rapprochements seront infructueux.

On a reconnu, de tous les temps, que les jeunes filles ne sont nubiles et fécondes qu'à dater du jour de leur première menstruation. Les médecins les plus anciens ont aussi admis que le coït exercé pendant les règles, ou immédiatement après, est beaucoup plus fréquemment suivi de résultat que celui qui a lieu dans la période intermenstruelle. Cette idée devait leur être suggérée autant par les doctrines qu'ils professaient sur la génération, que par les données de l'expérience. Ils croyaient, en effet, que les femmes avaient, comme les hommes, un fluide séminal (les menstrues), et que le nouvel individu résultait du mélange de ce fluide avec le sperme; or, dans cette hypothèse, le moment le plus favorable à la conception devait nécessairement être, chez l'espèce humaine, celui de l'émission de cette prétendue semence.

C'est probablement sous l'influence de cette doctrine qu'Hippocrate conseillait aux femmes qui désiraient des enfants, de choisir l'époque menstruelle pour avoir des rapports avec leurs maris. Il leur recommandait de cohabiter au commencement et à la fin de leurs règles, mais plutôt lorsqu'elles durent encore, que lorsqu'elles ont complètement cessé. « *Virum adeat*, dit-il dans son livre I des maladies » des femmes, *ineunte purgatione menstrua, præstat tamen* » *ea desinente, sed tamen adhuc eunte potius, quam pe-* » *nitus cessante* »; et dans un autre passage du même livre : « *ad virum autem eam accedere oportet, desinentibus aut* » *incipientibus mensibus, præstiterit tamen etiam, ubi* » *desierint* (1). »

Galien (2) s'exprime à son tour d'une manière conforme à celle de l'auteur dont il commentait les œuvres. Il pensait aussi que la conception était surtout possible après la fin de la menstruation : « *Itaque conceptio fit potissimum sedatis nu-* » *per menstruis, ut maxime uteri geniturам concipiant.* »

Boerhaave (3) dit de la manière la plus positive que les femmes ne deviennent presque jamais enceintes qu'à la fin des époques menstruelles : « *Jœminæ, semper conci-piunt post ultima menstrua et vix ullo alio tempore.* »

Venette (4) rapporte que Fernel, consulté par Henry II sur les moyens de combattre la stérilité de la reine, proposa au roi de suivre le précepte d'Hippocrate, et, après onze ans de vaines espérances, Catherine de Médicis donna un héritier au trône de France.

Enfin, Haller (5) considérait cette opinion comme telle-

(1) Hippocrate, *Opera omnia*, édit. de Foës; Francofurti, 1596, p. 641 et 644.

(2) *Comment.* III *in Hipp.* L II, *Epid.* Oper. edit. cur. D. Car. Gattlob Kuhn; Lipsiæ, 1828, p. 442.

(3) *Prælectiones Academicæ*; Gottingæ, 1744. — *De conceptu*, p. 238.

(4) *De la génération de l'homme*; Paris, 1760, p. 43.

(5) *Elementa physiol.*; Berne, 1766, Lib. XXIX, sect. 1, *Conceptio*, p. 22.

ment accréditée, qu'il se demande s'il est nécessaire de faire remarquer que le coït est surtout fécond quand les règles viennent de finir. La chose est pour lui trés-positive; et il la dit si connue des femmes, que celles qui craignent de faire des enfants redoutent d'avoir, à ce moment, des relations avec les hommes. « *Nescio*, dit-il, *num vis aliqua in adnotatione sit, post mensium finem coitum maxime fecundum esse. Res est verissima; etiam mulierculis nota, quæ ea periodo coire male metuunt, quoties non est e re earum concipere.* »

Tous ces résultats que l'expérience nous a transmis, et que la pratique des accouchements confirme à chaque pas, auraient certainement inspiré l'idée de chercher à découvrir les conditions anatomiques et physiologiques qui, aux époques de la menstruation, donnent à l'appareil génital cette aptitude remarquable dont il semble qu'il ne jouisse pas en d'autres temps à un si haut degré. Mais les phénomènes primitifs de la génération sont restés longtemps enveloppés de la plus profonde obscurité. La théorie des anciens sur l'existence d'un fluide séminal féminin, professée dans toutes les écoles, détourna les médecins de la recherche de l'œuf ovarien, et si, en 1672, de Graaf osa en affirmer l'existence, Buffon, ce génie novateur, ordinairement si hardi, subit ici l'influence du préjugé, et, dans son système des molécules organiques, renouvela, comme je le dirai plus loin, les idées d'Hippocrate et d'Aristote.

Il ne faut donc pas s'étonner que la raison anatomique de la plus grande aptitude génératrice de la femme aux époques de la menstruation, soit restée jusqu'à ces derniers temps complétement ignorée, puisque cette aptitude tient à la maturation spontanée et à la chute d'un œuf dont on ignorait l'existence. Il y a des faits qui ne frappent l'attention des observateurs que lorsque les problèmes qu'ils peuvent contribuer à résoudre sont, pour ainsi dire, posés d'avance par des notions préliminaires, sans lesquelles on n'est point déterminé à en chercher la signification. A défaut de ces indices révélateurs, on est exposé à longtemps méconnaître les rapports les plus évidents qui rattachent, les uns aux autres, des phénomènes dont on est, plus tard, surpris de n'avoir pas saisi le véritable lien.

La question qu'il s'agit de résoudre se trouve précisément dans cette catégorie; car si, d'un côté, l'ignorance dans laquelle on était sur l'existence d'un œuf dans les follicules de la femme, rendait les physiologistes peu attentifs aux phénomènes dont les ovaires deviennent le siége; d'un autre côté, le développement des corps jaunes, qui ne sont autre chose qu'une oblitération des follicules rompus et vidés, aurait pu permettre d'entrevoir s'il y a une relation quelconque entre leur apparition depuis longtemps connue, et la menstruation, que l'expérience désignait comme l'époque la plus favorable à la conception. Mais, je le répète, les observateurs ne s'engagent ordinairement dans une voie que lorsqu'elle leur est clairement indiquée, et il a fallu que la découverte préalable de l'œuf vînt enfin les pousser à cette nouvelle recherche.

Alors seulement, encouragés par l'espérance fondée que cette découverte leur a fait concevoir, ils ont commencé à comprendre tout l'intérêt que pouvait offrir une semblable question, et se sont sérieusement préoccupés des moyens de la résoudre. Il est vrai cependant que, déjà longtemps avant cette découverte, les médecins et les accoucheurs avaient bien assimilé la menstruation de la femme au rut des Mammifères, puisque Aristote (1) donne indistinctement le nom de *menstrues* au flux cataménial de la femme et à l'écoulement périodique qui suinte par la vulve des Mammifères en chaleur. Pour Lecat (2), la menstruation constitue une espèce de *phlogose voluptueuse* et en quelque sorte hémorrhoïdale; elle serait, pour Robert Emet (3), une véritable érection des parties génitales. Dugès n'a pas été moins explicite; car après avoir considéré, dans un ouvrage particulier (4), l'hémorrhagie périodique comme le résultat d'une excitation générale des organes de la génération, dont, selon lui, les ovaires seraient le foyer, il ajoute, dans sa physiologie, que cette excitation a une grande analogie avec les phénomènes d'orgasme momentané que l'on observe pendant le rut chez les animaux (5). Mais l'idée de cette relation, que Dugès lui-même dit avoir entendu exprimer à Béclard, dans ses leçons orales, resta complètement stérile pour la science. Elle ne détermina personne à examiner qu'elle était la nature du travail intime qui s'accomplissait dans l'ovaire, ni celle de la modification matérielle que ce travail imprimait à cet organe, modification qui consiste dans la rupture d'une vésicule de Graaf et dans la formation d'un corps jaune.

(1) *Hist. des Anim.*, Trad, de Camus; Paris, 1783, L. VI, p. 379.

(2) *Nouveau système sur la cause de l'écoulement périodique*, Amsterdam, 1765, p. 34.

(3) *Essais de médecine sur le flux menstruel*; Paris, 1757, in-12.

(4) Mme Boivin et Dugès, *Traité des maladies de l'utérus*; Paris, 1833.

(5) *Traité de physiologie comp.*; Montpellier, 1838, T. III, p. 358.

M. Négrier (1) fut le premier qui posa nettement le problème, tenta de le résoudre par l'observation directe, et qui, bien qu'il n'ait probablement jamais aperçu l'œuf, ni peut-être bien compris le véritable mécanisme de l'évolution des capsules ovariennes, n'en a pas moins clairement reconnu la coïncidence de leur rupture avec les époques de la menstruation.

Dans la séance du 7 novembre 1831, cet accoucheur distingué présenta, à la Société de Médecine d'Angers, un mémoire ayant pour but d'établir que la cause naturelle des menstrues et de leur périodicité, se liait étroitement aux fonctions des ovaires. Laissant de côté toutes les allégations vagues, il chercha à démontrer, non point par l'analogie, mais par l'ouverture des cadavres, que cette cause consiste dans l'évolution et la rupture mensuelle d'une vésicule de Graaf parvenue spontanément à sa maturité. Mais son travail, conservé inédit dans les archives de la Société de Médecine d'Angers, et mentionné seulement au procès-verbal; communiqué à M. le professeur Adelon, au mois d'octobre 1837, à MM. Paul Dubois, Bérard aîné, Cullerier neveu, Ollivier (d'Angers), en 1838; analysé, d'après ce que rapporte M. Négrier lui-même (2), par M. Bérard, dans une de ses leçons orales à l'École de Médecine de Paris, n'a été livré à l'impression qu'en 1840, époque à laquelle MM. Gendrin (3), Montgommery (4), Lée (5), Pater-

(1) *Recherches anat. et phys. sur les ovaires de l'espèce humaine*; Paris, 1840.

(2) Même ouvrage. (Voir la Préface.)

(3) *Traité philosophique de médecine pratique*; Paris, 1839, T. II, chap. *Menstruation*.

(4) *On the signs of pregnancy*; Londres, 1830, p. 26.

(5) *Médic. Chir. transact.* T. XXII, p. 329.

son (1), publiaient ou avaient publié des idées analogues.

En 1837, deux ans avant la publication de M. Gendrin, quatre ans avant celle de M. Négrier, j'avais proclamé un fait, établi un principe qui ouvrait complètement la voie, indiquait la direction dans laquelle les recherches devaient être faites (2). Du moment, en effet, où les physiologistes étaient obligés de reconnaître, avec moi, que la rupture des vésicules de Graaf s'opérait spontanément, et que l'émission des œufs avait lieu sans que l'influence du mâle fût nécessaire pour la provoquer, il ne restait plus, pour tirer de ce principe toutes les conséquences légitimes qui en découlent naturellement, que d'examiner, sur les cadavres humains, si, chez la femme, l'époque des règles était, comme celle du rut chez les Mammifères, la seule pendant laquelle s'opérait la déhiscence, et si, comme durant le rut, elle était aussi la seule pendant laquelle la conception pouvait s'accomplir. C'est au développement de cette double proposition, soulevée déjà par les observations des médecins dont je viens de citer les noms, que M. Pouchet a consacré tous les efforts de sa laborieuse persévérance (3).

En poursuivant ce double résultat, ce naturaliste s'est beaucoup moins préoccupé de l'obtenir par la voie de l'expérience que par celle de l'analogie, par la voie de la pratique que par celle de l'induction. Aussi, dans son travail, tout s'enchaîne et se lie comme les termes d'un syllogisme, et quoique l'auteur se soit complètement mépris sur la véri-

(1) *Edimb. Medic. and Surg. journal;* 1840.

(2) Voir plus haut, p. 177.

(3) *Théorie posit. de la fécondation*, Paris, 1842, et *Théorie positive de l'ovul. spont.*, etc.; Paris, 1847, p. 217.

table nature des modifications organiques dont la matrice devient le siége pendant la déhiscence et l'émission spontanée des œufs, il a néanmoins très-habilement discuté toutes les preuves rationnelles qui militent en faveur d'une analogie entre la menstruation chez la femme et le rut chez les Mammifères. Il se fonde surtout, pour légitimer cette comparaison, sur ce que le rut revient périodiquement comme la menstruation, et sur ce que, chez certains Mammifères, les Quadrumanes par exemple, cet état particulier de l'organisme est ordinairement, comme la menstruation, caractérisé par une hémorrhagie. Or, l'expérience ayant déjà prouvé que, chez les Mammifères, les époques du rut sont les seules pendant lesquelles peuvent s'accomplir la déchirure des capsules ovariennes, l'émission des œufs et la conception, M. Pouchet en a conclu que les époques de la menstruation, par le fait même de leur identité avec celles du rut, doivent être aussi les seules pendant lesquelles les mêmes phénomènes se réalisent, et qu'en dehors de ces époques, périodiquement ramenées par la maturation spontanée qui prépare la déhiscence, tous les rapprochements des sexes sont nécessairement stériles.

Toutes ces propositions ont été rationnellement et victorieusement déduites de l'ensemble des faits que l'analogie pouvait fournir; mais quand il s'agit de pousser le principe jusqu'à ses dernières conséquences, de sortir de la doctrine pour entrer dans les applications, ici l'expérience ne venant plus suffisamment en aide à la théorie, l'auteur aboutit, sur la question la plus importante, à un résultat qui concorde mal avec celui qu'il fait pressentir à chaque pas à mesure qu'il développe ses prémisses. Partout, en effet, il affirme, dans son livre, que les époques menstruelles étant à la femme ce que le rut est aux femelles des Mammifères, ces époques doivent nécessairement, à cause de l'identité des influences que l'organisme subit pendant leur durée, être, pour la femme comme pour les Mammifères, les seules qui rendent la conception possible.

Cependant, après avoir ainsi donné la formule absolue de ce principe inflexible, après avoir fréquemment indiqué la conséquence rigoureuse qu'il se propose d'en déduire, ce physiologiste distigué s'exprime de la manière suivante : « La vésicule de Graaf (car il n'y en a presque » constamment qu'une qui doit émettre un ovule) se déve- » loppe pendant le cours de l'époque menstruelle. Puis, » soit immédiatement après la cessation du flux cataménial, » soit seulement l'orsqu'il s'est *écoulé un, deux, trois ou* » *quatre jours après sa terminaison*, cette vésicule s'ouvre » et laisse échapper l'ovule qu'elle contenait.

» L'œuf est alors saisi par le pavillon et il entre dans la » trompe qu'il parcourt avec lenteur. Je pense qu'il met » ordinairement de *deux* à *six jours* à la franchir et à se » rendre de l'ovaire dans l'utérus.

» Arrivé dans la matrice, il s'y trouve encore retenu *de* » *deux à six jours par la décidua exsudée à la surface* » *de la muqueuse* vers le déclin de l'irritation qui suit l'épo- » que menstruelle.

» Si l'œuf n'est point alors imprégné de sperme, il ne » se fixe pas à l'uterus et se trouve enlevé avec la *déci-* » *dua*. Celle-ci tombe ordinairement du dixième au dou- » zième et même au quatorzième jour, à compter de la » cessation des menstrues.....

» Mais tout rapprochement sexuel opéré après la chute
» simultanée de la *décidua* et de l'œuf, et durant tout le
» temps qui sépare cette chute de l'invasion de la période
» menstruelle, est absolument infécond. (1) »

Or, si à partir de l'invasion de la période menstruelle la conception est possible; si cette période peut être de huit jours; s'il peut s'en écouler quatre avant que l'œuf ne tombe; si son passage à travers l'oviducte peut en durer six, et son séjour dans la matrice six aussi, il en résulte que, au total, après avoir fait la somme des temps marqués par M. Pouchet lui-même, on arrive à cette conséquence, peu conforme au but qu'il se propose, que, sur les trente jours dont chaque mois est composé, il y en a vingt-quatre pendant lesquels la femme est susceptible de concevoir, et six seulement où elle sera absolument inféconde. Nous voilà donc bien loin des conclusions que la théorie semblait autoriser.

Mais ce n'est pas tout, si aux résultats fournis par M. Pouchet on ajoute une partie de ceux qui ont été obtenus par M. Raciborski, nous trouvons que, même pendant les six derniers jours de chaque mois, l'aptitude génératrice de la femme serait loin d'être interrompue; car M. Raciborski, partisan non moins fervent que M. Pouchet de l'identité du rut et de la menstruation, et qui, je m'empresse de le dire, a recueilli des faits importants, propres à éclairer la question dont je m'occupe, croit avoir observé des cas dans lesquels des femmes sont devenues enceintes *immédiatement avant l'invasion des règles*. Si cette détermination est exacte, il n'y aurait, par conséquent pas, dans

(1) *Théorie posit. de l'ov. spontanée*, etc.; Paris, 1847, p. 274, 275 et 467.

le mois tout entier, un seul moment pendant lequel l'émission des œufs et l'imprégnation fussent impossibles.

Il est vrai que, pour restreindre à quinze jours après les règles les possibilités de la conception, M. Pouchet suppose qu'à chaque période menstruelle il se forme dans la matrice une membrane caduque exhalée par la muqueuse utérine, que cette membrane caduque, détachée au bout d'un temps déterminé, entraîne l'œuf avec elle, et que si cet œuf n'a pas été fécondé avant la chute de cette dernière, tous les rapprochements des sexes qui s'opèrent ensuite seront nécessairement stériles, jusqu'à la nouvelle menstruation qui, en amenant un autre follicule de Graaf à maturité, reproduirait, pendant quinze jours encore, les conditions nécessaires pour une autre fécondation. Mais cette membrane caduque, je vais le montrer tout à l'heure, imaginée à une époque où l'observation directe n'avait point porté la lumière dans la question du développement de l'espèce humaine, n'existant pas, le motif que M. Pouchet invoque pour limiter le temps pendant lequel la conception serait possible, et celui où elle ne pourrait s'accomplir, ne saurait être accepté comme une preuve de ce qu'il avance.

Pour être conséquent avec sa propre doctrine, M. Pouchet ne pouvait admettre que, chez la femme, la fécondation fût possible en dehors des périodes menstruelles; car si, comme il en exprime si souvent la conviction, l'évolution des capsules ovariennes, leur rupture, l'émission des œufs, coïncident exclusivement avec le flux cataménial, il faut de toute nécessité, restreindre la possibilité de la conception à ces courtes périodes, ou bien reconnaître que, quoiqu'il y ait identité absolue entre le rut et la menstruation, il y a cependant cette différence que, chez l'espèce humaine, contrairement à ce qui se passe chez les Mammifères, la chute des œufs, par une exception dont il faudrait chercher la cause, peut avoir lieu dans des moments où, chez les Mammifères, elle ne s'opère jamais. Je crois être, en effet, en mesure de démontrer, par des preuves irrécusables, qu'un œuf détaché de l'ovaire pendant la menstruation ou à la fin de cette période, a déjà perdu toute aptitude à la fécondation très-peu de jours après sa chute. Or, de deux choses l'une, ou bien, chez la femme, la déhiscence ne peut avoir lieu qu'au temps des règles, et alors il n'y a de conception possible qu'à cette époque ou très-peu de jours après cette époque, ou bien la rupture des capsules ovariennes peut se faire dans la période intermenstruelle, et alors la possibilité de la conception n'aurait pas la menstruation pour limite.

Il est vrai que M. Pouchet n'a point cessé d'être fidèle à la doctrine qu'il professe en supposant qu'un œuf, détaché de l'ovaire au moment des règles, puisse, *quinze jours après sa chute*, recevoir dans la matrice l'influence d'une tardive conception; car, dans cette hypothèse, la menstruation reste toujours pour lui, comme le rut des Mammifères, l'époque unique pendant laquelle peut s'opérer la déhiscence. Mais, je le répète, ou bien la femme ne conçoit jamais quand douze ou quinze jours se sont écoulés après la période menstruelle, ou bien l'œuf qui s'avive alors au contact du fluide séminal, a quitté l'ovaire à une époque de beaucoup postérieure à celle du flux cataménial, ou bien, enfin, il faut admettre qu'après la cessation de l'hémorrhagie, la menstruation continue longtemps encore, et que la femme se trouve, pendant près de vingt-quatre jours chaque mois, dans cet état où la rupture d'une vésicule de Graaf est toujours imminente.

Mais alors la question changerait complètement de face, et les documents qui ont été jusqu'ici coordonnés par les physiologistes qui se sont occupés de ce difficile sujet, auraient à peine soulevé un coin du voile qui couvre ce mystère. Tout ce que la méthode rationnelle ou l'induction, aidée de quelques observations importantes, a pu faire, les travaux de M. Pouchet d'abord, ceux de M. Raciborski ensuite, et, plus tard, ceux de M. Bischoff, en ont enrichi la science. On serait maintenant exposé à s'égarer si on se tenait plus longtemps dans la voie que l'on a été jusqu'ici trop exclusivement obligé de suivre. Il faut que l'expérience vienne désormais au secours de la théorie qui succombe, pour ainsi dire, sous la divergence de ses plus zélés partisans; il faut qu'elle explique cette divergence, et concilie la possibilité des grossesses intermenstruelles avec l'idée d'une analogie réelle entre la menstruation et le rut.

Il n'y a rien de contradictoire dans la tentative d'une semblable conciliation : il suffit, pour en concevoir la possibilité, que des recherches, faites sur des femmes suicidées, ou frappées de mort violente au moment où le libre exercice de leurs fonctions n'était troublé par aucune maladie, permettent de bien constater dans quel état se trouve normalement leur appareil génital interne, soit avant, soit pendant, soit après la menstruation, afin que, l'identité du flux cataménial et du rut étant établie sur des preuves irrécusables, on puisse juger ensuite si certaines influences n'ont pas le pouvoir de prolonger cet état particulier de l'organisme, de le faire renaître exceptionnellement, sans que les signes qui le caractérisent d'ordinaire éclatent au dehors, ou du moins y prennent un degré suffisant d'intensité pour les faire reconnaître. Cette possibilité n'avait point échappé à l'observation d'Hippocrate, qui, tout en admettant que le moment des règles était le plus favorable à la conception, n'en avait pas moins reconnu qu'une semblable prédisposition pouvait être artificiellement éveillée dans la période intermenstruelle. Je partage complètement sur ce point l'opinion du père de la médecine, et, sous ce rapport, la morgue de Paris m'a offert, depuis plusieurs années, de fréquentes occasions d'en constater l'exactitude. J'y ai recueilli un grand nombre de matrices à tous les états, que je conserve dans ma collection, et qui ont été jusqu'ici considérées, par tous les physiologistes qui les ont examinées, comme une démonstration péremptoire de la doctrine que je professe.

Je vais d'abord faire connaître le résultat de mes recherches sur l'origine du flux menstruel chez la femme, sur les modifications organiques dont ce flux est le signe extérieur ou la conséquence, afin que nous soyons ainsi mis en mesure de décider jusqu'à quel point cette modification ressemble à celle qui a lieu chez les Mammifères pendant le rut.

Flux menstruel. L'invasion des règles se révèle ordinairement, chez la femme, par une émanation particulière qu'exhalent alors les sécrétions de la vulve. Cette odeur, comme l'a fait remarquer M. Pouchet, est tellement caractéristique de l'acte quelle annonce, que, sur ce seul indice, on peut déjà prédire l'irruption prochaine du flux cataménial. Aussi, presque au même instant ou très-peu de temps après, le mucus vaginal change de nature : il passe du blanc mat, qui est sa couleur habituelle, à une teinte brune plus ou moins intense. Il devient plus abondant, plus fluide que dans les temps ordinaires, entraîne avec lui de nombreux fragments d'épithélium, tient en suspension des globules muqueux, et, parmi ces derniers, quelques globules sanguins qui, ne s'y trouvant pas encore en assez grande quantité pour rougir le fluide, lui donnent cependant la teinte brune qui lui est propre.

Un ou deux jours après que cet écoulement muqueux a commencé, un flot de sang, qui a sa principale source, comme je vais le dire, dans le réseau superficiel de la membrane muqueuse de la matrice, sort par l'ouverture du col et vient se mêler à la lymphe que le vagin exhale. Le flux cataménial prend alors tous les caractères d'une hémorrhagie ; les globules sanguins y prédominent tellement sur les globules muqueux, naguère supérieurs en nombre, que ces derniers se montrent dans une très-faible proportion lorsqu'on examine le fluide au microscope.

Le sang qui s'écoule pendant les deux ou trois jours que dure ordinairement cette seconde phase de la période menstruelle, a une si complète ressemblance avec celui qu'on extrait d'une artère ou d'une veine, que, si l'on fait abstraction des mucosités que les sécrétions exagérées de l'appareil génital ajoutent à son serum, on ne peut méconnaître son identité, confirmée d'ailleurs par l'analyse chimique (1), et signalée par tous les médecins qui ont étudié ce phéno-

(1) Soixante grammes de sang menstruel, recueilli avec le plus grand soin

mène périodique. Il ne faut donc pas s'étonner que ce sang, délayé par la lymphe utero-vaginale, soit plus difficilement coagulable que celui que l'on puise directement dans les vaisseaux.

J'ai eu plusieurs fois l'occasion d'observer cette hémor-

et soumis à l'analyse chimique, ont présenté à M. Denis la composition suivante :

Eau	82,50
Fibrine	0,05
Hématosine	6,34
Mucus	4,53
Albumine	4,83
Oxyde de fer	0,05
Graisse phosphorique rouge et traces de graisse phosphorée blanche	0,39
Osmazome et cruorine, de chaque	0,11
Sous-carbonate, chlorhydrate de soude et chlorhydrate de potasse, de chaque	0,95
Carbonate de chaux et sulfate de chaux	0,25
Traces de phosphate de magnésie	

Ce qui donne en totalité les parties suivantes :

Parties aqueuses	82,50
Parties en suspension et en globules	10,70
Parties en solution	6,58

M. Bouchardat ayant, de son côté, soumis à l'analyse 32 grammes environ de sang menstruel, a constaté qu'il renfermait en :

Eau	90,08
Matières fixes	6,92

Ces dernières étaient dans les proportions suivantes :

Fibrine, albumine et matières colorantes	75,27
Matières extractives	0,42
Matières grasses	2,21
Sels	5,31
Mucus	16,79

rhagie sur des cadavres de femmes suicidées, et je me suis convaincu, par l'observation directe, qu'elle a réellement sa source principale dans le réseau vasculaire superficiel de la muqueuse utérine. Sur l'une de ces femmes, la mort avait eu lieu précisément au moment même où le sang commençait à perspirer à travers les parois des vaisseaux engorgés. On voyait sur le trajet de ces derniers une multitude innombrable de petits points rouges, comme si la muqueuse avait été tatouée avec une fine épingle, par chacune des piqûres de laquelle suinterait à peine une gouttelette sanguine. Il y avait çà et là, sous l'épithélium, de petites ecchymoses, en forme de plaques, qui indiquaient que l'hémorrhagie, suspendue par la mort, n'avait point fait encore irruption complète. Sur d'autres femmes, le phénomène étant beaucoup plus avancé que dans celle dont je viens de parler, la cavité de la matrice se trouvait remplie d'un sang rutilant et fluide, qui gagnait le col pour s'épancher au dehors.

Ce n'est point par de larges déchirures que le sang s'échappe des vaisseaux superficiels de la muqueuse utérine, mais par de petites gerçures microscopiques, à travers lesquelles il perspire; c'est une hémorrhagie à peu près semblable à celle qui se produit sur la membrane pituitaire dans le cas d'épistaxis. Cependant il arrive parfois que des vaisseaux d'un assez grand calibre, distendus par la pléthore, s'ouvrent, et alors le flux menstruel, ordinairement si benin, peut dégénérer en un accident grave; mais, en pareille occurrence, la fonction cesse pour faire place à la maladie. Nous n'avons donc pas à nous en occuper ici.

L'émission sanguine n'est pas tellement essentielle pendant l'acte de la menstruation, que son absence puisse être considérée comme une preuve de celle de la fonction dont elle est presque toujours le signe caractéristique; car il y a des pays, au Groënland par exemple, où, le plus ordinairement, le flux cataménial est à peine rougi par quelques gouttes de sang; il n'est même pas très-rare que, dans nos climats, chez certaines femmes, les sécrétions menstruelles soient presque complètement muqueuses. Toutefois, il faut reconnaître que, dans les pays où l'hémorrhagie est un signe habituel du phénomène, c'est le plus souvent une chose fâcheuse quand ce signe manque.

Au bout de deux ou trois jours, quelquefois plus, quelquefois moins, l'hémorrhagie cessant, les menstrues reprennent le caractère muqueux qu'elles avaient au premier jour de leur invasion; les globules sanguins disparaissent peu à peu; les globules muqueux et les fragments d'épithélium restent les seuls éléments que la lymphe utero-vaginale continue à entraîner. Cette dernière, à son tour, commence à perdre une partie de la fluidité plus grande qu'elle acquiert à chaque période menstruelle; elle s'épaissit de nouveau et tend à reprendre ses caractères habituels, ce qui a lieu ordinairement au bout de vingt-quatre heures.

La durée de chaque menstruation est, en moyenne, de quatre à cinq jours environ. Il y a pourtant des cas où ce flux périodique peut se prolonger jusqu'au huitième, sans que pour cela le phénomène sorte des limites d'une fonction régulièrement ou normalement accomplie. D'autres fois, deux, trois ou quatre jours suffisent pour qu'il arrive à son terme. Cela tient surtout à la promptitude ou à la lenteur avec laquelle se réalise, comme j'espère en donner la preuve, le travail dont l'ovaire est le siége.

Cependant, quand les règles ont cessé de couler, il n'est pas démontré pour cela que la phlogose intérieure, qui en a provoqué l'irruption, soit complètement éteinte; il n'est pas démontré qu'elle ne se poursuive pas encore, quoique les sécrétions ne soient plus assez abondantes pour se manifester au dehors. C'est ce que nous allons examiner.

Modifications de la matrice pendant la menstruation. En ouvrant des cadavres de jeunes filles frappées de mort violente aux approches de leur première menstruation, ou ceux de femmes adultes suicidées au moment de leurs règles, j'ai vu que, parmi les vésicules de Graaf, plus ou moins nombreuses, dont leurs ovaires sont ordinairement pourvus, il y en a toujours une qui prend sur toutes les autres une prépondérance marquée. En même temps la muqueuse utérine, phlogosée et turgescente, obéissant aux lois d'une harmonie préétablie, se modifie comme chez les Mammifères pendant le rut, et se prépare à recevoir l'ovule, dont la maturation spontanée va déterminer la chute.

Pendant, en effet, que la capsule ovarienne, qui est destinée à se rompre, devient ainsi le siége de cette rapide évolution, l'appareil vasculaire de la matrice se développe et s'injecte d'une manière inusitée; celui de la muqueuse, en particulier, forme à la surface de cette membrane, sous la fine lame d'épithélium qui le recouvre, un élégant réseau à mailles irrégulièrement lozangiques, dont chacune encadre l'orifice de l'un des innombrables tubes glandulaires qui la constituent presque tout entière. Cette réticulation vasculaire est si prononcée et si riche qu'elle donne, chez certains sujets, à la face interne de la matrice, une teinte violacée plus ou moins intense. Selon toutes les probabilités, c'est à travers les parois des ramuscules déliés dont ce réseau se compose, que suinte le sang menstruel. Quand la gestation a déjà fait quelques progrès, et que l'œuf, logé dans la muqueuse, a exercé sur celle-ci une influence suffisante pour lui faire prendre tous les caractères de la caduque, ces ramuscules se développent tellement, qu'il en est beaucoup parmi eux qui acquièrent le calibre d'un tuyau de plume. Alors on peut juger définitivement quelle est leur véritable nature, et se convaincre que la plupart appartiennent au système veineux; en sorte que l'hémorrhagie menstruelle qu'ils alimentent, prend évidemment en grande partie sa source dans le réservoir à sang noir.

L'espèce d'érétisme périodique dont l'appareil vasculaire de la muqueuse utérine devient le siége aux approches de la menstruation, ou pendant la durée du flux cataménial, et qui se prolonge même au-delà du terme de cette hémorrhagie mensuelle, doit nécessairement se communiquer à la substance de l'organe que cet appareil arrose. Aussi, les glandules qui, sous forme de tubes blancs, simples ou quelquefois ramifiés, ordinairement flexueux, placés côte à côte et liés entre eux par un tissu cellulaire très-lâche, composent la plus grande partie de la muqueuse, grandissent-elles visiblement; la portion musculaire de l'utérus, par suite de la congestion dont elle est le siége, prend plus d'extension, se colore plus vivement en rouge, devient plus spongieuse et plus souple.

Ces tubes glandulaires, dont une extrémité est en rapport avec la couche musculaire, tandis que l'autre vient s'ouvrir à la surface libre de la muqueuse, sont en nombre si considérable, que leurs orifices donnent à cette surface l'apparence d'un crible. Leur présence dans le tissu de cette membrane en augmente tellement l'épaisseur, qu'elle forme alors, sur un très-grand nombre de sujets, des plis ou des circonvolutions saillantes, molles, pressées, adossées les unes aux autres de manière à ne laisser aucun vide dans la cavité utérine. Ces circonvolutions, quand l'œuf descend, le saisissent entre elles et le retiennent par leur contact ou la pression qu'elles exercent. On croirait, en voyant l'épaisseur extraordinaire de cette membrane, qu'elle est réellement le siége d'une hypertrophie pathologique ou d'un autre genre d'altération, si une expérience suffisamment répétée et corroborée par l'ouverture de femmes mortes accidentellement au commencement de la gestation, ne donnait la preuve irrécusable que c'est bien là l'état normal.

Je possède une vingtaine de matrices provenant de sujets suicidés ou frappés de mort violente, et, sur presque toutes, les modifications que je viens de signaler sont portées au plus haut degré. Il y en a plusieurs, entre autres, dont la muqueuse, ridée en larges plis, a, dans certains points et surtout sur les circonvolutions qu'elle forme, jusqu'à huit et dix millimètres d'épaisseur. Mais, quel que soit le degré de son hypertrophie, elle reste toujours lisse à sa surface libre, ne présente jamais les villosités flottantes que MM. Baër (1) et E. Weber (2) ont cru y remarquer, ni l'exsudation pseudo-membraneuse sur l'existence de laquelle pres-

(1) *Entwickelungsgeschichte*, T. II, p, 266; et Siebold, *Journal*, T. XIV, p. 403.

(2) *Disquisitio anat. uter. et ovar. puellæ*, etc. Halis, 1830, p. 22.

que tous les physiologistes paraissent pourtant unanimes. Elle est toujours régulièrement limitée par une fine lame *épithéliale*, formée de cellules à noyau, et cette uniformité n'est interrompue que par les pertuis glandulaires dont elle est percée. Il y a des cas cependant où cet épithélium s'exfolie, et alors les tubes glandulaires, que sa chute découvre, devenus libres et flottants, forment comme une forêt de filaments blancs qui donnent accidentellement à la face interne de l'utérus l'organisation tomenteuse que quelques auteurs ont supposé, à tort, qu'elle avait d'une manière permanente et normale. Mais lorsque, sur les utérus qui présentent cette particularité, on observe ces prétendues villosités à la loupe, on voit la trace de la rupture que l'exfoliation de l'épithélium a fait éprouver à chaque glandule. Je conserve des matrices sur lesquelles l'état que je signale ici se manifeste de la manière la plus évidente; j'en ai également d'autres chez lesquelles l'exfoliation porte, non-seulement sur l'épithélium, mais encore sur une portion plus ou moins épaisse de la muqueuse elle-même; je dirai plus loin dans quelles conditions ce dernier phénomène se produit. Il faut éviter cependant, lorsqu'on ouvre les cadavres longtemps après la mort, et surtout ceux de femmes qui ont succombé à une maladie chronique, de prendre pour une exfoliation spontanée, une dénudation produite par un commencement de putréfaction; car alors ces exfoliations pourraient paraître plus fréquentes qu'elles ne sont en réalité.

Ainsi donc, pendant que, chez la femme, aux époques de la menstruation, s'accomplit dans l'ovaire le travail qui prépare la chute de l'ovule et la formation d'un corps jaune, la matrice entre dans une sorte d'érétisme qui imprime à cet organe une modification fort analogue à celle que subissent les animaux au temps du rut. Comme chez les Mammifères, la muqueuse phlogosée se boursoufle en plis plus ou moins abondants, et ce boursoufflement, avant que l'œuf ne se soit enfoui dans cette même muqueuse et n'y ait implanté ses villosités choriales pour se fixer d'une manière définitive, suffit pour l'empêcher de s'échapper au dehors. Il n'y a, par conséquent pas, sous ce rapport, entre l'espèce humaine et les vertébrés supérieurs, la différence que l'opinion presque unanime des observateurs a consacrée. Tout se passe dans les uns de la même manière que dans les autres; la muqueuse utérine seule fournit, dans ce cas, au produit de la génération, toutes les conditions qui peuvent l'arrêter dans la cavité de la matrice et y favoriser son développement.

Je ne comprends donc pas comment M. Pouchet, qui s'est surtout proposé pour but d'établir l'identité de la menstruation et du rut, a pu être conduit cependant à admettre, pour la femme, une modification exceptionnelle et caractéristique, qui consisterait dans la formation périodique d'une pseudo-membrane, ou d'une caduque exhalée, dont évidemment la présence est inutile et dont je vais démontrer l'absence complète.

W. Hunter (1), le premier, décrivit et figura avec soin, dans l'utérus en état de gestation de la femme, une membrane particulière, désignée par lui sous le nom de *decidua*, parce qu'elle est destinée à tomber avec l'œuf, membrane qu'il considéra d'abord comme la muquense elle-

(1) *Of the Human gravid uter.* Birmingham, 1774.

même, et plus tard comme le résultat d'une exhalation pseudo-membraneuse. Mais cet anatomiste illustre ne chercha ni à expliquer par quel moyen cette prétendue fausse membrane se mettait en rapport avec le produit de la génération, ni à connaître l'époque de sa formation, ni à savoir comment l'œuf, au lieu d'être placé à sa surface, se trouvait toujours situé au-dessous d'elle, et en était recouvert comme d'un voile qu'il soulevait peu à peu en grandissant.

Plus tard, les physiologistes, voulant se rendre compte de cette singulière disposition, imaginèrent une théorie assez ingénieuse, et lui donnèrent assez de crédit pour qu'elle fut partout enseignée et partout adoptée. Ils supposèrent donc qu'après un coït fécondant, et avant que l'œuf détaché de l'ovaire n'eut parcouru le canal vecteur, la muqueuse utérine, sous l'influence stimulante de ce coït, exhalait à sa surface une lymphe coagulable qui, condensée en une pseudo-membrane, tapissait toute la cavité de la matrice, bouchait l'ouverture du col, celle des trompes (1), se remplissait, dans l'opinion de quelques-uns d'entre eux, d'un fluide désigné sous le nom d'*hydropérione* (2), et constituait la caduque que W. Hunter avait signalée à l'attention des observateurs. On admit ensuite que, lorsque cette membrane obturatrice était formée, elle devenait un obstacle nécessaire pour empêcher l'œuf de tomber dans la cavité utérine, et de s'échapper par l'ouverture du col, à travers laquelle la station verticale de la femme aurait, sans cela, favorisé son passage.

(1) Moreau, *Essai sur la disposition de la membrane caduque*. Paris, 1814. — Velpeau, *Ovologie humaine*. Paris, 1833, p. 3 et suiv.

(2) Breschet, *Mém. de l'Acad. roy. de Méd.* Paris, 1833, T. II.

Quand donc, d'après cette théorie, l'œuf aurait parcouru tout le canal vecteur et qu'il arriverait à l'entrée de la cavité utérine, il y trouverait la membrane obturatrice, et, pour se loger, il serait obligé de la refouler devant lui, de s'en coiffer de manière à être retenu par elle dans une position fixe. On expliquerait ainsi comment cet œuf se trouverait placé derrière une *portion réfléchie* de la caduque, et comment, soutenu par cette dernière, il resterait immobile, la soulèverait de plus en plus en grandissant, et finirait par l'appliquer contre la portion qui, sous le nom de *caduque utérine*, tapisse tout le reste de la cavité de la matrice.

Les partisans de cette théorie, comme on vient de le voir, partaient de ce principe que la chute de l'œuf était toujours le résultat d'un coït fécondant, et que la membrane caduque, destinée, suivant eux, à empêcher cet œuf de s'échapper au dehors, ne se développait jamais que par suite de la conception et sous son influence. Ils n'assignaient donc aucune époque fixe à sa formation, puisque, pour eux, ce phénomène était subordonné à celui d'un coït fécondant, dont la réalisation devait être considérée comme variable, indéterminée, mais toujours possible.

M. Pouchet, au contraire, persuadé que la chute de l'œuf est tout à fait indépendante de l'action du mâle, et qu'elle s'accomplit naturellement d'une manière périodique à chaque époque menstruelle, a dû supposer que, s'il y avait réellement formation d'une caduque exhalée, cette formation devait nécessairement, comme la chute de l'œuf, être subordonnée à la menstruation et périodique comme elle. Entraîné par l'ascendant d'un préjugé si profondément enraciné dans l'esprit des physiologistes, il a donc admis l'existence d'une pseudo-membrane; mais au lieu de lui assigner pour cause l'influence d'un coït fécondant, il a supposé que sa formation était l'un des résultats les plus importants de la menstruation. Cette différence est la seule qui existe entre l'opinion de ce physiologiste et celle de ses prédécesseurs; car, au fond, il attribue à sa prétendue pseudo-membrane les mêmes fonctions.

Cependant il lui donne une importance bien plus grande encore; car, selon lui, elle n'aurait pas seulement pour usage, comme on le croit généralement, de maintenir l'œuf préalablement imprégné, elle aurait de plus le privilége d'arrêter celui ou ceux qui tombent spontanément à chaque menstruation, et de les conserver susceptibles, pendant douze ou quinze jours après la cessation du flux cataménial, d'être fécondés par les rapprochements des sexes qui peuvent avoir lieu durant ce laps de temps. Mais, cette période écoulée, si la conception ne s'est point opérée, cette pseudo-membrane se détacherait, parce que les nouvelles conditions dont elle a besoin pour continuer à vivre lui manqueraient, et l'ovule qu'elle tenait en réserve n'étant plus alors maintenu par elle, s'échapperait au dehors, et avec lui disparaîtrait la possibilité de la conception jusqu'au retour de la prochaine menstruation. Si, au contraire, l'œuf a été imprégné, cette pseudo-membrane ne tomberait pas; elle contracterait des adhérences avec l'utérus, persisterait jusqu'à la fin de la gestation, et formerait une des enveloppes de l'œuf (1).

La preuve principale, je pourrais dire la preuve unique,

(1) Pouchet, *Théor. posit. de l'ovul. spont. et de la fécond.* Paris, 1847, p. 254.

sur laquelle M. Pouchet se fonde pour démontrer l'existence de cette fausse membrane, consiste en ce que toutes les femmes rendent par la vulve, dix ou douze jours après chaque période menstruelle, un *flocon albumineux*, d'une teinte opaline, privé de vaisseaux, au sein duquel il a remarqué un certain nombre de grains d'épithélium cylindriques entassés étroitement, et quelques granules très-fins.

Or, pour ma part, je ne comprends pas comment la chute d'un flocon albumineux peut être considérée comme la preuve qu'une pseudo-membrane s'est formée dans l'utérus, et je m'explique moins encore comment cette pseudo-membrane, qui doit recouvrir la surface tout entière de la muqueuse, peut se convertir en un élément aussi peu caractérisé que l'est un simple flocon albumineux. Il me semble qu'il y avait un moyen bien plus efficace de résoudre la question : il aurait suffi d'ouvrir des utérus sur lesquels la présence de cette fausse membrane aurait été évidente. Mais, au lieu de procéder ainsi, M. Pouchet s'est borné à tirer une induction d'un fait qui peut recevoir une interprétation bien différente et bien plus rationnelle; car il existe le plus souvent, au col de l'utérus, un bouchon albumineux, sécrété par les glandes de Naboth, et dont la chute expliquerait beaucoup plus facilement le phénomène dont il s'agit.

Ce qui pourrait faire supposer que M. Pouchet n'a jamais observé directement dans l'utérus cette fausse membrane, c'est qu'après avoir signalé les discussions nombreuses auxquelles la caduque a donné lieu, et les divergences des auteurs sur la question de savoir si cette caduque est réellement un produit exhalé, ou bien la surface de la muqueuse exfoliée, il s'arrête à une opinion mixte, à une sorte de transaction entre deux idées extrêmes qu'il cherche à concilier. « Pour nous, dit-il, nous adoptons une opinion mixte. » Nous croyons que la membrane caduque est simplement » produite par l'irritation qui succède à la menstruation, et » qu'elle ne représente qu'une pseudo-membrane secrétée » *entre la surface muqueuse et l'épithélium, et ayant en-* » *levé avec elle tout celui-ci, qu'elle entraîne ensuite au* » *dehors* (1) ». Mais, en admettant même qu'une pseudo-membrane, au lieu de se former à la surface de la muqueuse, pût réellement se développer sous l'épithélium, comme le suppose théoriquement M. Pouchet, il arriverait que, dans ce cas, le but serait complètement manqué, que la caduque ne pourrait offrir alors la disposition sans laquelle la fonction qu'on lui assigne est impossible.

On prétend, en effet, qu'elle est destinée à arrêter et à fixer l'œuf qui la refoule pour s'en coiffer comme d'un double bonnet; mais, je le répète, elle ne saurait remplir cet office qu'à la condition expresse de passer comme un voile sur l'ouverture des trompes par lesquelles cet œuf va s'introduire dans la matrice. Or, si elle était sécrétée sous l'épithélium, elle ne pourrait évidemment obstruer les trompes et, par conséquent, elle laisserait toujours le passage libre.

Je suis loin de prétendre qu'il n'y ait jamais, aux époques de la menstruation, de membrane expulsée; car j'ai parlé plus haut de matrices dont la face interne, tomenteuse et déchirée, donne la preuve suffisante de la possibilité d'une desquamation. C'est même à un phénomène de cette nature qu'il

(1) *Théorie posit. de l'ovul. spont. et de la fécond.* Paris, 1847. p. 254.

faut attribuer ce qui se passe chez certaines femmes qui, pendant leurs règles, rendent ce qu'elles appellent des *morceaux de chair*. Si on les invite, en effet, à recueillir le produit expulsé, elles rapportent ordinairement une espèce de sac membraneux en forme de bouteille, qui représente si exactement le moule de la cavité utérine, qu'il est impossible de se méprendre sur le lieu de son origine. Cette poche membraneuse, formée d'un tissu celluleux, vasculaire et glanduleux, toujours lisse et souvent criblée à sa face interne, tomenteuse et déchirée à sa face externe, c'est-à-dire à celle qui tenait à l'organe dont elle se sépare, n'est évidemment autre chose qu'une portion de la muqueuse exfoliée. Mais elle n'a rien de commun avec le flocon albumineux de M. Pouchet; elle en diffère essentiellement, puisqu'il s'agit ici d'une partie intégrante de l'organisme, accidentellement séparée de cet organisme, et nullement d'une sécrétion albumineuse.

La fonction de la menstruation n'amène pas ordinairement, chez les femmes bien portantes, l'exfoliation de cette membrane. Elle n'a lieu, en général, que sur celles dont les règles sont douloureuses, irrégulières par leur abondance et leur apparition. Je crois qu'il faut considérer ce phénomène comme le résultat d'une congestion sanguine trop grande, d'une sorte d'apoplexie de la muqueuse; car on trouve presque toujours des caillots infiltrés dans le tissu de la membrane expulsée.

M. Bischoff (1) qui, dans ces derniers temps, s'est aussi prononcé affirmativement pour l'existence d'une certaine

(1) *Dével. de l'homme et des Mamm.* (Enc. anat.), Paris, 1843; p. 109 et 110.

exhalation utérine, a cru qu'il suffisait, pour résoudre la question de la caduque et tout concilier, de combiner, en la modifiant, l'opinion de ceux qui admettent sa formation par une exsudation pseudo-membraneuse, avec celle des physiologistes qui nient cette exudation. Il a donc supposé, à l'exemple d'un grand nombre d'auteurs, que l'œuf, en arrivant dans la matrice, y rencontrait un produit exhalé au sein duquel il tombait, au lieu de le refouler devant lui pour s'en coiffer comme d'un double bonnet, ainsi qu'on l'a admis. Ce produit qui, dans l'opinion de M. Bischoff, représente la *caduque réfléchie*, n'aurait d'autre but que de retenir, de fixer l'ovule au moment de son arrivée dans l'utérus; mais cette manière de voir, que l'observation directe ne vient pas légitimer, n'est évidemment qu'une sorte de satisfaction donnée à l'opinion généralement accréditée. D'un autre côté, pour faire la part des idées nouvelles, M. Bischoff a reconnu que la *caduque vraie* est uniquement produite par le développement de la couche glandulaire interne de la matrice, et, pour mettre d'accord ce fait avec la théorie régnante, il a supposé que la matière exudée finissait par s'organiser et par contracter, principalement à l'aide de vaisseaux, des adhérences intimes avec la muqueuse, de manière à s'y incorporer; en sorte que la membrane caduque pourrait être considérée comme le résultat d'une fusion du produit exhalé et de la surface muqueuse exfoliée. Cette manière de voir, exprimée par l'auteur d'une manière très-confuse et très-incomplète, embarrasse la science d'une hypothèse de plus, sans ajouter aucun fait à ceux qu'elle possède déjà.

Ainsi donc, je ne crains pas d'affirmer que jamais, ni avant, ni pendant, ni après la menstruation, il ne se forme normalement, dans la matrice de la femme, de produit pseudo-membraneux qui permette de croire à l'existence d'une caduque telle que les anatomistes l'ont jusqu'ici conçue. Les seules modifications dont la matrice devient le siége consistent dans la turgescence ou l'éréthisme de son tissu, et plus particulièrement dans un épaississement considérable de la muqueuse, épaississement qui résulte surtout de la congestion de vaisseaux sanguins et d'un développement extrême des glandules qui entrent dans sa composition et qui la plissent, chez certains sujets, en circonvolutions plus ou moins nombreuses. Jamais, dans l'état normal, ni l'ouverture du col, ni celle des trompes ne sont voilées par une membrane obturatrice. Elles sont toujours libres, perméables et susceptibles, par conséquent, de laisser pénétrer l'œuf dans la cavité utérine, où les plis de la muqueuse, par leur contact réciproque, suffisent pour l'arrêter.

Modifications des ovaires pendant la menstruation. Nous avons déjà dit plus haut, que lorsque la phase de la période menstruelle, caractérisée par l'émission sanguine, a cessé, la turgescence ou l'érétisme des parties génitales de la femme peut se continuer encore pendant un certain temps; de façon que le flux cataménial, après avoir perdu sa coloration rouge, persévère alors sous forme de suintement muqueux. La capsule ovarienne, dont la maturation coïncide toujours avec le développement de cette turgescence, poursuit de son côté le cours de son évolution, et, selon que les circonstances sont plus ou moins favorables, elle peut se rompre ou dès le début, ou vers la fin, ou à un moment quelconque de cet écoulement périodique.

J'ai sous les yeux l'ovaire d'une femme morte le premier jour de l'invasion de ses règles; j'y vois l'ouverture de la capsule rompue, à travers laquelle l'œuf a déjà passé dans le canal vecteur. J'ai pu constater aussi, sur des sujets qui avaient succombé à une époque plus avancée et vers le déclin de l'émission sanguine, des signes non équivoques donnant la preuve que cette déchirure avait été plus tardive. Il en est même chez lesquels la capsule distendue n'a point encore éclaté quand la dernière phase du suintement muqueux est à la veille de finir. J'en ai trouvé un exemple sur une jeune personne qui, ayant abandonné sa famille pour suivre un militaire, fut saisie de désespoir quand elle se vit abandonnée par lui, et se précipita dans la Seine, quatre à cinq jours après la cessation de l'hémorrhagie menstruelle. Elle portait sur son ovaire droit une vésicule de Graaf tellement distendue que la plus légère pression en fit éclater la paroi. Il m'est arrivé enfin de rencontrer des cas où toute la durée des règles s'était passée sans que le follicule de l'ovaire, dont l'évolution avait commencé et même avait été poussée jusqu'à sa dernière période, fût parvenu à se rompre, eût abouti au résultat vers lequel il tendait. C'est surtout sur une jeune fille de dix-neuf ans, vierge encore, que le fait m'a paru évident. Cette jeune personne conçut un chagrin si violent de la préférence dont elle supposa que sa sœur était l'objet de la part de ses parents, qu'elle se précipita d'un quatrième étage, quinze jours après ses menstrues. J'examinai ses ovaires avec le plus grand soin. J'y trouvai bien, à côté des vésicules de Graaf fort développées, des traces de corps jaunes ou de capsules rompues; mais ces corps jaunes étaient évidemment trop anciens pour qu'on pût raisonnablement les rapporter à la dernière menstruation; la vésicule de Graaf avait, par conséquent, avorté, ou du moins s'était arrêtée dans son développement.

En résumant donc tous les faits que j'ai observés, je crois qu'il est permis de conclure que, chez la femme, il y a toujours à chaque menstruation, comme chez les Mammifères pendant le rut, une capsule de l'ovaire qui prend sur toutes les autres une prépondérance marquée; qu'elle arrive spontanément à maturité, et, le plus ordinairement, se déchire à un moment quelconque de cette période pour livrer passage à l'œuf qu'elle renferme; mais qu'il y a des cas aussi où, à défaut de circonstances suffisantes, cette capsule distendue peut ne point atteindre son but et, comme chez les Mammifères encore, rester stationnaire ou être totalement résorbée.

Il faut donc reconnaître que la menstruation est pour l'espèce humaine, de même que le rut pour les animaux, l'époque naturelle de la chute des œufs et, par conséquent, celle qui doit être la plus favorable à la conception, puisqu'elle offre toutes les conditions matérielles qui peuvent la rendre possible, c'est-à-dire la maturité du produit femelle de la génération. Évidemment la raison anatomique de la plus grande aptitude génératrice de la femme à l'époque des règles, tient aux conditions naturelles de maturation périodique que je viens de décrire.

Les anciens et, à leur exemple, la plupart des accoucheurs ou des physiologistes modernes, avaient donc rencontré une double vérité, lorsque, jugeant le rut et la menstruation seulement par l'émission sanguine qui les caractérise extérieurement, ils en avaient affirmé l'identité, et que, se bornant à une simple observation de statistique, ils avaient remarqué, sans en soupçonner la raison anatomique, que c'était au temps de leurs règles que les femmes devenaient plus facilement enceintes.

Comment, en effet, auraient-ils pu méconnaître l'analogie des menstrues et du rut quand ces phénomènes se traduisent au dehors par des signes si manifestement semblables? Ne suffit-il pas, pour partager leur opinion, d'avoir vu des femelles de Singe en chaleur, non seulement dans nos ménageries, où le fait se produit assez souvent, mais surtout dans leurs habitations naturelles où l'identité de ces deux phénomène frappe les yeux les plus vulgaires? M. le Dr J. Hille, médecin de l'armée néerlandaise, à Surinam, possédait une femelle du genre Singe, qui, *à chaque renouvellement de lune, était sujette à un flux menstruel abondant, dont la durée était de trois jours environ.* Pendant ce temps l'animal, qui donnait tous les signes d'une excessive lubricité, etait violemment irrité contre les femmes et particulièrerement contre les négresses, qu'elle mordait impitoyablement, lorsqu'elle pouvait les atteindre (1).

Il y a manifestement dans l'apparition et le retour régulièrement mensuel du rut de cet animal, dans l'émission sanguine qui l'accompagne, dans la durée même de cette émission, des traits si caractéristiques de la menstruation de l'espèce humaine, qu'il est impossible de méconnaître la ressemblance. Mais, par une exception dont elle a seule le privilége, la femme, pouvant en tout temps se livrer à l'acte de la copulation, n'est point, sous ce rapport, sou-

(1) *Wochenschrift fur die Gesammte Heilkunde,* 1842.

mise à l'irrésistible nécessité que les femelles des animaux sont périodiquement obligées de subir. Elle est toujours libre de choisir le moment, et cette liberté, qui l'élève au dessus de la loi commune, est une faculté qui peut, quand elle l'exerce sans excès, imprimer à ses ovaires une action stimulante qui en accélère la fonction. C'est pour n'avoir pas tenu un compte suffisant de l'influence de cette stimulation ou de celle que d'autres agents peuvent provoquer, que les physiologistes modernes ont été conduits à nier que, dans aucun cas, la chute des œufs fût possible pendant le cours de la période intermenstruelle.

L'accélération de la fonction des ovaires, sous l'influence de certaines circonstances, est pourtant un fait connu de tout le monde, et que les physiologistes dont je parle n'ont point ignoré; mais les préoccupations d'une théorie exclusive ne leur ont pas permis d'en apprécier suffisamment la signification. Je vais donc en rétablir le véritable sens.

Des causes qui peuvent multiplier les époques de la maturation et de la chute des œufs. Lorsque les animaux vivent à l'état sauvage, occupés sans cesse du soin de leur propre conservation, souvent exposés à l'intempérie des saisons, ne pouvant pas toujours se procurer une nourriture suffisante, les fonctions de leurs ovaires ne s'accomplissent qu'à de rares intervalles. Mais quand ils viennent chercher un abri dans nos demeures et y trouver toutes les conditions favorables que la domesticité leur procure, la maturation des œufs peut, sous cette nouvelle influence, devenir assez fréquente pour que, chez certaines espèces, la ponte soit presque quotidienne.

Le Pigeon sauvage, qui ne dépose ses œufs qu'une ou deux fois par an, tant qu'il reste soumis aux conditions de la vie errante, niche sept ou huit fois lorsqu'il fixe sa demeure dans nos colombiers. Il y a même des races de cette espèce dont les petits sont à peine éclos que déjà une nouvelle ponte commence; en sorte que ces animaux sont obligés de partager leurs soins entre les jeunes d'une première et ceux d'une seconde génération.

Les Poules domestiques qui habitent nos étables cessent de pondre lorsqu'elles commencent à couver; celles, au contraire, dont on a la précaution d'enlever les œufs à mesure qu'elles les déposent, peuvent, si on leur donne une nourriture appropriée, pondre presque tous les jours et durant huit mois de l'année.

Le Lapin des champs n'a pas plus d'une ou deux portées par an, tant qu'il vit en liberté; mais quand il est réduit à l'état domestique, il se reproduit jusqu'à sept fois, pourvu qu'on ait le soin de sevrer ses petits en temps opportun; et il est probable qu'il pourrait se reproduire plus souvent encore, si, au lieu d'attendre que ses petits soient assez développés pour se passer des soins de leur mère, on les éloignait au moment même de la naissance.

Si donc il y a des circonstances qui, en agissant sur l'organisme des animaux, peuvent déterminer leurs ovaires à exercer un plus grand nombre de fois leur fonction, dans un espace de temps donné, on est en droit de penser que les époques de la maturation et de la chute des œufs ne sont pas fixées d'une manière tellement immuable, qu'on ne puisse, à l'aide de certaines influences, les déplacer, ou plutôt les faire naître en des temps où, sans l'intervention de ces influences, elles ne se seraient point produites. On peut dire, par conséquent, que lorsque les animaux sont livrés à eux-mêmes et placés dans des circonstances déterminées, constantes, les époques du rut sont périodiquement ramenées à des intervalles, dont la distance est réglée par la nature même de leur organisme et par le degré d'influence que le milieu ambiant exerce sur cet organisme; mais si quelque modificateur puissant intervient, le cours ordinaire des choses peut être changé. En un mot, il y a des époques naturelles pour la maturation et la chute des œufs, comme il y en a aussi d'autres que l'on pourrait appeler artificielles, parce qu'il est possible de les provoquer à l'aide des agents extérieurs dont l'expérience a montré l'efficacité.

Au nombre de ces agents, on peut citer les conditions d'abri, de température, l'abondance et la qualité des aliments.

C'est, en effet, par de semblables moyens qu'on réussit, dans nos basses-cours, à multiplier à l'infini les époques de la reproduction des oiseaux domestiques; mais à ces moyens, qui suffisent pour les oiseaux, il vient s'en ajouter un autre, dont on a, dans ces derniers temps, complétement nié l'influence, et qui est cependant, pour les Mammifères, une des causes le plus activement accélératrices de la déhiscence : je veux parler de la cohabitation des mâles parmi les femelles.

Ainsi, par exemple, lorsqu'une Lapine est isolée dans une cage, où elle est complétement à l'abri des tentatives du mâle, elle entre ordinairement en rut tous les deux mois environ; et, quand l'époque de cette excitation périodique est passée, elle refuse obstinément de se livrer au coït; mais si, au lieu d'éloigner le mâle qu'elle repousse alors avec violence, on le laisse séjourner avec elle pendant quelques jours seulement, on peut tenir pour certain qu'elle ne tardera pas à céder, parce que les sollicitations auxquelles elle sera incessamment soumise provoqueront le retour d'un état qui, en l'absence de cette excitation, aurait été beaucoup plus lent à venir.

Or si, chez les oiseaux, les conditions d'abri, de chaleur, de nourriture, suffisent pour multiplier les époques de la maturation et de la chute des œufs; si, chez les Mammifères, les mêmes causes, combinées avec les excitations du mâle, sont assez puissantes pour aboutir au même résultat, il ne serait pas rationnel de supposer que l'espèce humaine, qui dispose à son gré de toutes ces conditions, qui accumule autour d'elle tous les bienfaits de la civilisation, soit inaccessible à ces influences, et, par une inexplicable exception, demeure invariablement renfermée dans les limites infranchissables de ses périodes mensuelles. Cette supposition serait d'autant plus déraisonnable que, comme je l'ai déjà dit, la femme a, de plus que les femelles des Mammifères, le privilége d'une aptitude permanente au rapprochement des sexes; et que, par conséquent, l'activité que l'influence masculine peut imprimer aux fonctions de ses ovaires, doit être plus intense que chez les Mammifères, où cette influence est beaucoup moins directe, puisqu'elle se réduit à de simples tentatives auxquelles la femelle résiste.

Mais, dira-t-on, puisque la menstruation est l'analogue du rut; puisque, comme le rut, elle est le signe extérieur de la déhiscence, ne faut-il pas en conclure que, dans les cas où, par un motif quelconque, la chute d'un œuf serait provoquée dans la période intermenstruelle, l'apparition d'une hémorrhagie devrait annoncer qu'elle se réalise? Oui, sans doute, et c'est bien là, en effet, la tendance de l'organisme au sein duquel se prépare cette maturation accidentelle; mais il ne faut pas oublier qu'ici la cause même qui contribue à provoquer la chute de l'œuf, est aussi celle qui le féconde, et qu'en le fécondant, elle fait avorter l'hémorrhagie avant même qu'elle ait eu le temps de se manifester; car la cessation des règles est le signe le moins équivoque de la grossesse. C'est au reste une proposition sur laquelle nous reviendrons en traitant de la conception, et nous montrerons alors qu'elle est complètement d'accord avec les données de l'expérience.

CAUSE DU RUT ET DE LA MENSTRUATION.

La modification organique que la maturation périodique des œufs fait subir aux ovaires, modification qui consiste dans la distention des capsules et qui doit aboutir à la rupture de leurs parois, peut-elle être considérée comme la cause déterminante de l'éréthisme de l'appareil génital des femelles et du flux menstruel qui l'accompagne? Cette question se présente naturellement à l'esprit; car, d'une part, les femelles n'entrent jamais en chaleur ou ne sont réglées que lorsqu'il y a déjà dans leurs ovaires des œufs assez développés pour opérer la déhiscence, et, de l'autre, l'éréthisme ne s'éteint, et le flux cataménial ne cesse de couler que quand la déchirure de leurs capsules est accomplie.

J'ai vu des Lapines en chaleur rechercher les mâles tant que la fonction de leurs ovaires n'était point achevée, et les repousser avec violence ou leur résister d'une manière passive dès que l'émission des œufs avait eu lieu, et que ces œufs avaient à peine parcouru la première moitié du canal vecteur. Je me suis convaincu de ce fait par des expériences dont il n'est pas difficile de vérifier l'exactitude.

TABLE

DES MATIÈRES CONTENUES DANS CE FASCICULE.

ERRATA : page 42, lig. 18, lisez : *gemmiparité*, au lieu de : *gem miparité*.
— page 101, — 8, — *destination*, — *distinction*.

Paris. — Imprimerie de J.-B. GROS, rue du Foin-Saint-Jacques, 18.

www.ingramcontent.com/pod-product-compliance
Ingram Content Group UK Ltd.
Pitfield, Milton Keynes, MK11 3LW, UK
UKHW020450200726
13857UKWH00002B/646